1920s

1920年代时尚

权威资料手册

1920s Fashion: The Definitive Sourcebook

[英]夏洛特·菲尔（Charlotte Fiell）
[英]埃曼纽尔·德里克斯（Emmanuelle Dirix）编著
邸超 余渭深 译

庆大学出版社

Supplément - N° 190. Pl. 164.

ENSEMBLE CONFORTABLE POUR LES JOURS FROIDS
ÉXÉCUTÉ AVEC LES " PIQUES ZIBLIKASHA "

前言

1920年代是一个乐观的时代，人们展望未来，相信技术进步。第一次世界大战改变了社会的性别结构，给女性带来了前所未有的自由，当然，这也反映在她们的穿着时尚上。从丝质宽松装、T字形鞋到紧包头部的钟形帽和优雅的休闲运动装，这个时代的时髦女郎拥有“闪光的青春”，寻求着年轻的服装。这些服装体现了她们对更自由生活的追求，也对人类历史上第一次时尚民主化浪潮起到了推波助澜的作用。

这本独特的图集试图通过展示500多张原始照片和巧妙绘制的插图来探索这一现象，揭示非凡风格的多样性，这些风格不仅来自著名的巴黎高级时装公司，也来自百货公司和目录邮购图册。此外，导论文章试图将这一时期的社会经济和政治力量与时尚联系起来，并讨论和揭示这一时期时尚发展的驱动力。因此，我们希望，这本图集不仅能让我们重新认识许多时装设计师和时装插画家，他们不可否认的才华一定会穿过时间的迷雾，给我们带来对时尚艺术更广泛的理解。

这本图集全面记录了1920年代时尚的优雅和美丽，展现了精致的细节和精湛的剪裁。它应该被证明是时尚历史学家无价的资料来源，同时也为时装设计师、品牌收藏家，当然还包括所有自重的时尚达人，提供了丰富的灵感。

左页图

舒适的连衣裙搭配御寒的外套套装，饰有“Piques ZibliKasha”（译者注：应该是1920年代特指某款图案的名称，Piques是一种由棉花、人造丝或真丝混纺的较耐用的面料）图案。*La Femme Chic*，1926年

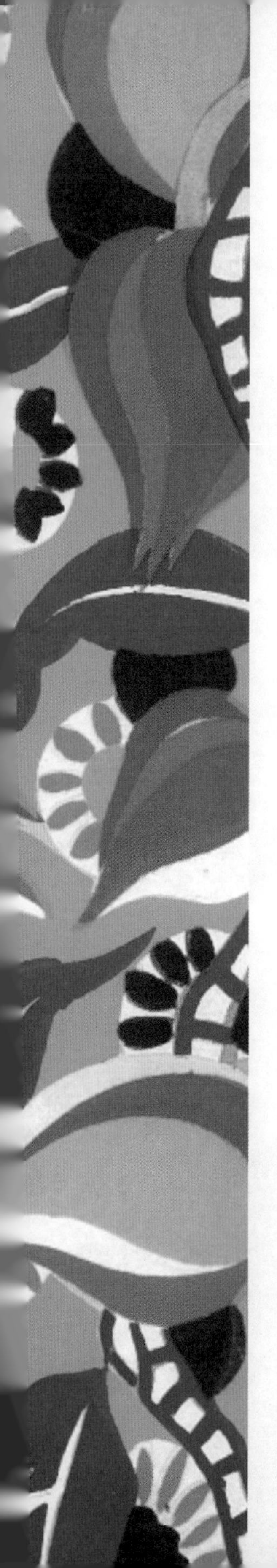

目录

序言：1920年代的时尚

文/埃曼纽尔·德里克斯

时尚的时间线

这本图集详细介绍了1920年至1929年这十年间的时尚。按年代叙事，这是一种常见的历史学叙事方式，将时间以十年为单位，以年代命名（1920年代、1930年代、1940年代等）。仿佛时间的流逝可以被组织成唯一而独特的时代。不幸的是，与现实不同——构成我们的文化和历史的事件并不总是按照日历发生：事情往往会发生在十年开始之前或之后。在时尚方面，20年代也不例外，那个时期的许多想法、发展和设计实际上在更早的时候就已经萌发。事实上，1920年代的时尚故事早在这个十年开始的前几年就鸣锣开场了。

这并不是说1920年代没有出现任何新东西，事实上恰恰相反，这本书的每一页都讲述了一个关于新的和现代的故事。但是，如果我们想要理解这些时尚对女性来说是多么激进和令人兴奋，就需要在更大的背景下看待这里呈现的视觉新奇和现代性。

毫无疑问，常识告诉我们，时尚很少像时尚媒体和流行历史告诉我们的那样具有革命性。同样地，很少有一个设计师能彻底翻新女性衣橱中所有的服饰，所以也没有一个简单的日期可以定格时尚的革命性。

例如，早在1907年就出现了后来成为与摩登女郎联系在一起的男孩风的潮流，1920年代晚装的明亮色彩和异国情调，也同样通过各种其他更广泛的文化产生影响，以及前几十年前卫的时装设计师的作品，也陆续引入了当时的高级时装。1920年代将所有这些元素融合到第一次世界大战后欢欣鼓舞的时代精神中，为华丽而多样的时尚潮流的萌生提供了肥沃的土壤。

不难看出，重要的不是1920年代的许多时尚特征在早些年就暗流涌动，而是它们都在那个时期汇涌成潮。20年代是一个社会和文化发生重大转变的时代，因此，通过时尚的镜头我们可以研究这个令人兴奋的独特的时代。

时尚的故事绝不仅仅关乎时尚。时尚是文化的一部分，它不是在象牙塔里创造的。它是一种视觉语言，一针一线串联起关于产生它的社会道德和价值观的种种线索。通过研究时尚，我们可以反观社会的结构，这正是编辑本书的目的所在。本书收录了1920年代丰富的时尚图片，包括一些照片，但主要是时装插图（当时摄影还没有取代插图——彩色胶片技术还没有被发明，在照片上捕捉细节是不可能的）。然而，这并不是一种限制，事实上恰恰相反，用于展示服装的插图风格和想象的背景都有助于形成一个更广阔的图景。的确，因为这些插图来自如此广泛的出版物——从高端的、手工着色的巴黎杂志*Gazette du Bon Ton*中的高级时装设计师设计的奢华服装到春天百货公司目录上的成衣，描绘了一幅幅来自不同社会阶层的女性穿着的现实画面，让我们可以从视觉上感知精英时装是如何影响廉价成衣的。

左页图

无声电影女星莎莉·奥尼尔戴着一顶金银丝织钟形帽和一串串珍珠，约1925年

左页图

紫色的乔其纱晚礼服
面绣着银色珍珠装
案，裙侧嵌有颜色深
同的织带。*Dernière*
ations，约1923年

摩登女郎与1920年代风格

在大众的意识中，没有任何一个年代像1920年代那样生动活泼：装饰艺术、爵士时代、疯狂岁月、喧嚣的20年代。无数的电影、电视节目、展览和书籍都致力于探究这个时代和其中的各种运动，而时尚在其中扮演着重要的角色。一想到20年代，人们就会想到年轻轻佻的少女们穿着串珠裙，留着短发，男孩子的轮廓，彻夜跳舞狂欢。她们抽烟，跳舞时露出膝盖……让那些讲究优雅的爱德华时代的母亲们感到震惊。

然而，这种新的女性所张扬的个性，只是一幅更大、更复杂、更多样的女性和女性身体的图景的一部分。因此，如果仅仅把那时的女性归为一群肤浅的人，就会错过和误解当时许多其他重要的发展线索。我们之所以强调摩登女郎是这个时代的关键女性和时尚人物，很大程度上是因为我们对20年代的概念受到了电影影像的严重影响和塑造，包括当时的电影和后来的电影诠释思潮。

在电影方面，1920年代以奥莉薇·托马斯（Olive Thomas）主演的《摩登女郎》拉开序幕，她饰演一个堕落顽皮的女学生。这部电影固化了这位舞女的名字、外貌和令人震惊的身份之间的联系，这一概念在过去数十年中由克拉拉·鲍（Clara Bow）在《塑料时代》和《It》中传播开来，还有《潘多拉的盒子》和《迷失女孩的日记》中的露易丝·布鲁克斯（Louise Brooks），以及《我们跳舞的女儿》里的琼·克劳馥（Joan Crawford）。《摩登女郎》中的这位时髦女郎年轻、男孩子气，性感十足，穿着直筒连衣裙和皮草大衣，在短发上戴着钟形帽。几十年后，我们在电影《摩登米莉》《龙蛇小霸王》和没完没了的电视剧《大侦探波洛》中仍能看到同样的轻飘飘的形象。

与她们的母亲和祖母相比，她们的形象显得如此令人震惊和与众不同，因为她们代表了第一次世界大战后更加自由的新社会的极端，所以她们成为1920年代许多研究的主要焦点。二十多岁的女性，戴着一顶钟形帽，剪着短发，化着浓妆，常常被贴上轻佻的标签。事实上，这本书中的许多照片和图画中的女人，的确像希腊神话中能唱出动听旋律的海妖塞壬（Sirens）一样，能分散海员的注意力，招致触礁的危险——但我们不应该把外表和态度混为一谈。

认为1920年代所有的女性都戴着紧包头部的帽子，穿着大胆、色彩鲜艳的串珠裙，这是一种文化上的误解，就像认为所有这么穿的女性都是轻佻的人一样。对许多人来说，穿宽松裙装、戴钟形帽、留短发只是一种简单的时尚行为。

的确，我们在书中看到的毫无例外都是穿着最新时装的年轻人。就像今天的时尚杂志不能准确地反映大多数人的长相和他们的穿着一样，当时的杂志也不例外。根据定义，时尚只对新奇、豪华和美丽感兴趣。我们在当时和现在的杂志上看到的仅是一种理想。1920年代的成熟女性不太可能穿串珠短裙，就像现在的成熟女性不太可能沉迷于最新的热潮，换上紧身超短热裤。然而，这些照片不仅让我们了解了年轻人的穿着，还让我们了解了女性所渴望的外貌和理想中的美丽，以及这些理想是如何渗透进时尚主流的。

然而，20年代的不同之处在于，它代表了历史上第一次印刷媒体或多或少地建构了对“普通”年轻女性穿着的准确描述和记录，而不像过去几十年或几个世纪，这种描述仅限于精

上图

伯莎·赫尔曼希设计的绿色日装连衣裙、黑色薄纱领连衣裙和带有涡纹图案的雪纺连衣裙，此外，还有一件带褶皱的粉色连衣裙，一件蓝白相间的连衣裙和配套的帽子。
La Femme Chic，1923年

英阶层。除了专为富人发行的高端奢侈时尚刊物外，同时还出现了大量廉价的女性杂志和面向低收入群体的时尚报纸增刊。印刷技术的进步和印刷出版成本的降低在这一过程中发挥了重要作用。

然而，更重要的是，1920年代见证了时尚“民主化”的兴起。这是历史上的第一次，以前因为经济和现实原因而被排斥在时尚之外的普通女性，现在被允许沉迷时尚，并将时尚着装融入她们的生活之中。

从因果关系来看，越来越多的女性能负担得起时尚，所以“帮助”她们选购的出版物蜂拥而至。美国西尔斯（Sears）、罗巴克（Roebuck & Co.）和麦考尔（McCall's）等公司在1920年代大量扩充商品目录邮购业务，另外在英国伦敦百货公司的目录中，这种较低层次的市场对时尚的渴望也显而易见。

新女性的新衣橱

女性对时尚的广泛参与和兴趣，在很大程度上归因于这样一个事实：女性所渴望的服装风格已经大大简化了，从战前精致的高级定制礼服变成了更宽松、更舒适的时装、当然最重要的是，这些时装更容易制作和复制。然而，如果只从设计、制作的角度来看待这种民主化，未免有所局限。第一次世界大战在这十年开始前两年才结束，战争导致的材料短缺，确实促成了设计上的变化和简化；但所有这些转变都是真正可能和可接受的，因为“女人应该是什么样子”的观念也在同时发生变化。

战争给各阶层妇女的生活带来了许多变化。工人阶级的妇女不仅发现自己经常独自掌管家庭，她们还从厨房的水槽边跳到外面的工作岗位，也承担起养家糊口的主要责任。就业机会也出现变化，从重工业的职位，到驾驶救护车或共汽车，到在施粥所发放救济，到在办公室担文书职务。当然，还有许多妇女在战前就参加工作，不过那时她们的就业机会大多为家政务，非常有限，而且往往没有赋予她们多少责或自主权。

许多中产阶级的女性在经验和机会上经了类似的变化，与普遍的看法相反，甚至上社会的女性也开始工作了——尽管她们从的职业往往比社会下层妇女所从事的工作类更文雅。在战争期间，妇女不仅承担了更多社会责任，而且第一次获得了社会和经济上自由。不用说，即使战争结束，男人们返回园，妇女也不会顺从地回到她们以前的家务责——烘焙和养育孩子上。

妇女的积极就业也产生了更广泛的社影响。她们不仅在财务和就业方面有了更多自由，而且导致了公众态度的改变。社会正发生转变，这对妇女的生活产生了更加积极更具解放力的影响。

时间到了1920年代，城市不再是男性专属领地，主要是因为战争结束了陪伴制以前，人们认为，一个女性独自到一个城市闯荡，是有失体面的；然而，1918年后，社和社会习俗逐渐放宽，因为女性需要融入城运转。女性在城市的出现改变了人们对她们态度——她们不再是早期看不见的家庭天而是转身成为职业女性，保证了危急时刻的家运转。

还需要记住的是，在战争之前，妇女参运动已经初露苗头，战争结束后，英国30岁上的妇女获得了投票权——一年后，美国妇也获得了投票权。1920年代，女性要求平的呼声再次高涨，1928年立法通过了针对

21岁以上的英国女性的选举权，史称“摩女郎投票权”（Flapper Vote），女性与男性民完全平等。这些变化不仅在法律上很重要，社会上也给予了女性更多的认可，给了她们的自由。媒体将这种新解放的生命体称为新女性”。

“新女性”在当时的报纸上引起了热烈的论，可见影响有多么巨大。她是“新”的，因她承担了新的角色和责任，她不再被困在家因此她不打算简单地闭上嘴，回到以前的活。这位“新”解放的女性需要并得到了一新衣柜来搭配自己——优雅应该是更简单、舒适，更能适应生活的自由。

尚廓形

1920年代初，时尚女性的廓形缺乏结构，至于连衣裙经常被称为“布袋装”“宽松连裙”“吊带裙”或“套头衫”，这表明裙子没明确的形状，穿着和脱下都很轻松。这种廓与战前更为传统的爱德华七世时期的紧身胸大不相同，它是由高级时装设计师保罗·波Paul Poiret）引入的变化发展而来的。早907年，他就创造了一种新古典主义帝政腰线式的服装系列，这种服装不强调和增强线，而是偏爱垂直轮廓。他的设计放弃了S紧身胸衣的廓形，他认为这种放弃就是一种，然而需要指出的是，对于大多数女性来除了那些拥有男孩子式的窄身材的女性外，的宽松式，并不比紧身胸衣更舒适，反而了女性的身材曲线。到了1912年，这种式廓形更是登峰造极，几乎在所有巴黎时计师的系列中都可以看到这样的设计，只常老式的时装没有采用这种现代的直线的。

服装长度的变化也开始于20年代之前。战争期间，由于物资短缺和配给制，裙摆有所上提；由于同样的原因，直裁轮廓也很受欢迎，并发展出更多的结构比例。在1913年，女性开始露出了小小的脚踝；到1918年，时髦的裙子和大衣已经露出了腿，经过一些小的变化，它们一直保持到1921年或1922年左右。

虽然波烈早在战前的作品中就引入了简洁的轮廓，但它们仍然显得非常复杂、精致，在结构、材料和装饰方面极其奢华。后来，他简化女性服装的想法被加布里埃·可可·香奈儿（Gabrielle ‘Coco’ Chanel）发扬光大。她本身就是一个有远见的设计师，她能捕捉战争带来的新想法和新需求，并将此转化为服装新时尚。

香奈儿认识到，那些逃到法国游览胜地比亚里茨（Biarritz）和多维尔（Deauville）躲避战争的休闲阶层，在发现户外活动的乐趣后，现在更需要舒适而优雅的衣服。正因如此，香奈儿于1915年在比亚里茨开设了她的第一家时装精品店，她使用之前只用于工作服和内衣的针织衫面料，推出了优雅的休闲服装。香奈儿公开承认她的设计灵感来自女仆、渔民和普通工人。她的“贫穷时尚”（pauvre chic）获得了巨大的成功，但人们不应该被愚弄：她的服装绝不是贫穷的，它们制作精美，衬里通常是用真丝等更豪华的材料。尽管如此，她对轮廓的改变，对于确立1920年代的时尚造型至关重要。

战争是另一个促成更舒适、更简单的时装被接受和流行的因素。战争期间，女性不得不承担起男性的角色：在工厂工作，驾驶公共汽车和救护车，最重要的是为军工提供援助。在工作中，她们被要求穿实用又不会危及自己安

左图、右页图

梅西百货商品目录封面，1923年

明信片上，年轻女子正在操作胜家（Singer）缝纫机。身旁的人台上展示着一件缀满珠子的舞蹈服装，约1925年

全的衣服，所以对许多女工来说，宽松的短裤（灯笼裤的一种变体）成了她们的工作制服。这些被恰如其分地称为“懒散女孩”的人从来没有想过在公共场合穿着她们的工作装，因为这纯粹是为了实用，不能展现淑女的优雅，也不时尚。然而，这些宽松裤带来的舒适是非常吸引人的，也是战后女性不愿放弃的东西。

跳舞，是越来越多的年轻女性下班后的消遣方式，对此，她们需要穿着更加舒适的衣服。在第一次世界大战之前、期间和之后的几年里，人们对舞蹈的兴趣和热情不断增长，比起前几代人的舞蹈，新的舞蹈更有活力。虽然传统舞蹈没有消失，但它们加入了新的异国情调，如探戈，它起源于布宜诺斯艾利斯，要求服装适应更高和更大幅度的腿部动作。

前卫艺术运动，另一个不容忽视的重要影响，它推动了时尚自由风格的发展，虽然对种影响的研究还有待发展。艺术家们经常与装设计师合作，作为时装插画师、纺织设计和实际的时装设计师，他们不断接受一些新令人兴奋的艺术想法，为时装设计注入了的活力、另类的方法和新的美学理想；强调美的维也纳工坊派，俄罗斯构成主义，野兽义，未来主义，立体主义……不同的艺术思都有助于重新思考时装设计的各个方面，简化的女性服装的廓形。未来主义、构成主和立体主义在这一背景下是最有影响力的。罗斯和意大利的先锋派都将自己与时尚的视为一种意识形态的参与：时尚是更大的革命的一部分，因此需要重新思考。尽管的意识形态在政治术语上有很大的差异，成主义和未来主义艺术家强调为工人设服装，其概念和设计，既现实又原始，既实美观。色彩大胆亮眼是构成这两个运动的特点，它们都源自立体派艺术，其使用的鲜明的颜色块，以及简化剪裁都反映了一的需求，在设计师的手下，身体有效地成块画布。尽管这些乌托邦式的“艺术”设少被投入商业生产，但它们对新时尚的出到了催化作用，引发了关于女性服装的理论。更重要的是，它们还为设计师们提供感，他们采纳了“身体就是画布”的概念继续将直裁式女性时装轮廓融入并推广到中。

参与时尚

服装结构的简化产生了两个明显的

Vive Ste Anne
SINGER
Lucia

直接推动了时尚的传播。首先，家庭服装制作呈指数级增长，制作这种简化的服装，对那些缺乏经验甚至没有经验的女性来说，也能轻松驾驭。与此同时，针对工人阶级的女性杂志也刊登许多由各种私立和公立机构组织的服装制作课程的广告。这些广告通常以时尚女士抱着一大把衣服的插图为特色，并配有这样的标语："这些衣服都是我自己做的，节省了一半的钱。"这些广告不仅利用了女性想要成为时尚的一部分的愿望，也刺激了她们制作时装的新鲜感。广告标语和时尚短文告诉人们，家庭裁剪制衣实际上是一项省钱的活动，对于这种宣传说明，当时许多妇女仍然感到焦虑和不安，她们认为时尚是轻佻和浪费的行为，只能属于有钱的精英阶层，而不是普通女性。针对这种认识，媒体大肆宣传，"时尚追求符合道德规范"，作为负责任的家庭，只要经济条件允许就可以追求穿得更美。

结构简化的第二个后果是成衣的大批量生产。战争极大地提高了生产技术，因为大量高质量的制服必须在很短的时间内生产出来。这种知识和经验将应用于1920年代快速发展的成衣行业。

尺码也有所改善，尽管当时还没有标准的服装尺码，而且大多数制造商都自行制定尺码系统，这些系统往往是基于很少的、不准确的或根本没有身体数据做参考的。由于1920年代初的时装廓形垂直和宽大，尺寸大小并不是一个迫在眉睫的问题——只有在20年代后期，人们开始注重裙子的修身时，这些不适当的尺码系统才成为问题，当时买回的服装大多需要调整，因而家庭改装蔚然成风。正确的尺寸和完美的剪裁只限于高级定制时装，流行时尚的风格更容易复制，但要想完全合身却是很难实现的，合身与否成为区别时尚高下的重要标志。

生产和消费

成衣行业在1920年代蓬勃发展，尤其在美国，通过连锁商店和目录邮购进入市这些更便宜、更时尚的服装的影响日益扩大。

除了生产的发展之外，类似丝缎和真丝新型廉价人造纤维的发明，使更多的妇女能以相对较低的价格消费最新的时尚款式。特是人造丝，自19世纪后期以来，人造丝得到发展和改进，被称为艺术丝（人造丝），可以成本仿制豪华面料。这意味着，以前专为精阶层设计的真丝服装，现在可成为手头并不裕的家庭主妇和成衣制造商的仿制对象。

艺术丝虽然在感觉上和真正的真丝有所同，但它看起来还不错，可以营造出一种奢和时尚的感觉。不过，当时的消息人士也指说，它总是有点太过闪亮，特别是当用于长时，但那些讲究实用和时尚的年轻女士找到一个解决问题的妙方，她们在长袜上抹粉和滑石粉。这不仅显示了她们的独创性，也证了她们对时尚的追求和参与，积累了丰富的尚知识。

尽管成衣市场增长迅猛，但1920年中产市场对定制服装的青睐并未消失。为合这种需求，时尚业也做出了努力，他们按顾客自己的尺寸和规格制作服装，满足了那买不起高级时装的女士们。在定做或高级行业中，定价区间存在很大差异。那些经便宜的规模化成衣的商人，大多提供的是巴黎统一模板制作的服装，而在市场的高供的服装，不仅仅基于这些模板，而是在础上附加了有针对性的个性设计。

高级定制时装原本是精英阶层的专属

左图、右图

色真丝晚礼服，裙片下摆呈尖状。《现代胜家缝制衣法》（*How to Make Dresses the Modern ger Way*），美国胜家公司，1924年（译者注：ger，胜家缝纫机）

橙色和蓝色图案的束腰裙，背部垂褶，内搭橙色衬衫。《家庭简化版制衣技巧》（*Short Cuts to ne Sewing*），美国胜家公司，约1923年

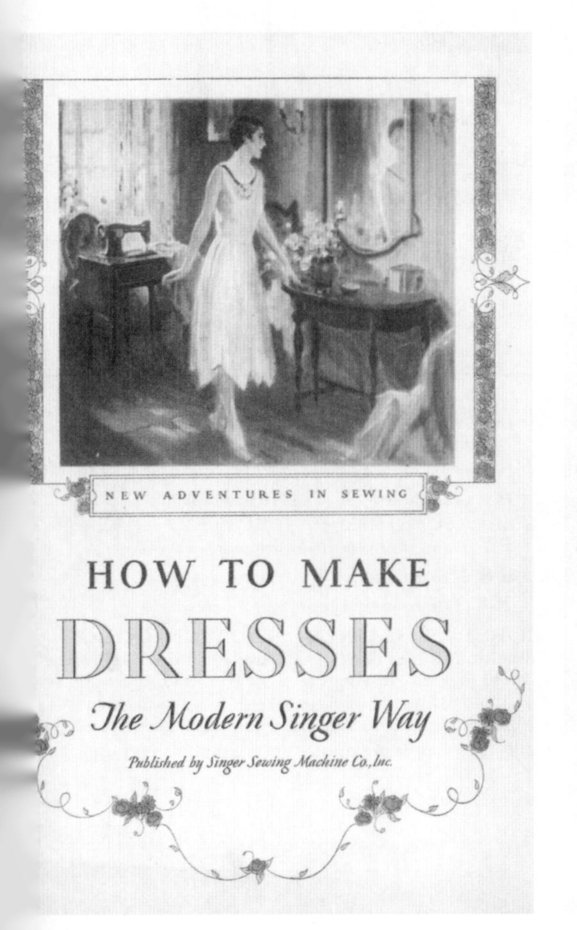

GRANDS MAGASINS DE LA SAMARITAINE

67 A 81, RUE DE RIVOLI, PONT-NEUF ET MONNAIE, PARIS

MANIÈRE DE PRENDRE LES MESURES

COSTUMES ET VÊTEMENTS POUR DAMES ET JEUNES FILLES

FIG. 1 FIG. 2 FIG. 3

Mesures de Madame ____________________

à ____________________ *département* ____________________

Fig.			M.	C.
1	**BB**	Contour entier du corps *sous les bras* à la partie la plus saillante de la poitrine		
1	**DD**	Tour de taille		
1	**EE**	Contour des hanches (0m15 au-dessous de la taille).		
2	**AG**	Longueur de taille derrière prise au bas du col.........		
2	**AGH** (1)	Longueur totale derrière, prise au bas du col. (*Indispensable pour les vêtements de fillettes*).		

Fig.			M.	C.
3	**AF**	Longueur de taille devant, prise à la couture de l'épaule.		
3	**FY**	Longueur de jupe, devant....		
2	**GH**	Longueur de jupe, derrière...		
3	**KI**	Longueur de jupe, sur le côté.		

CORSETS, GAINES, SOUTIEN-GORGE

Pour les mesures des Corsets, nous indiquer le tour de taille pris sur la chemise à la partie la plus mince.

Pour les Gaines, nous indiquer les mesures prises sur les hanches à l'endroit le plus fort.

Pour les Soutien-gorge, nous donner contour de

1920年代，除了华丽的晚礼服外，他们也少使用高级定制；妇女们雇用当地的裁缝作日常服装，如街头服装、茶歇裙和运动装。后，人们对豪华晚装的需求也减少了，所以装设计师们开始设计整个衣橱——从大衣睡衣——来取代地方女裁缝。这些可穿戴日常设计比之前的产品更便宜，并以此将高定制服装带入了富裕客户的日常着装。因此，使在高级时装的崇高世界里，我们也听见了主化的脚步声。

然而，大多数女性几乎完全依赖于在家做服——只买一些新的现成的东西，比如配饰、袜和珠宝来搭配她们的着装。

黎——时尚之都

尽管伦敦和纽约的时尚业蓬勃发展，但写字母“F”的时尚即使不是由巴黎决定的，是由巴黎制定的。即使一件衣服不是来自法首都，但它必须从巴黎高级时装沙龙的创作获得灵感——否则，它就不能称为时尚。这城市是优雅和品位的中心，自路易十六的廷风格以来，它一直是所有奢华和礼仪的裁者。19世纪，查尔斯·弗雷德里克·沃斯arles Frederick Worth）将高级时装确立创意产业，并引入了季节性和时尚系列，将与商业牢牢地联系在一起，从而巩固了这声誉。

由于真正的时尚只能起源于巴黎，精英们两次从世界各地赶来，购买他们喜爱的高装设计师的最新设计。百货商店老板和制造商也加入了这一时尚潮流，同时，他到世界各地去寻找流行趋势，他们在布宜艾利斯、哈瓦那或纽约不断寻访客户。从始，仿制就是高级时装行业的一部分业务，对此，巴黎的时装之家做好了充分的准备，她们主动出售仿制的官方模板，试图规范和利用这种常见的商业行为。保税模型是原始的高级定制服装，被卖给制造商和零售商，作为高级复制的来源，基于类似目的，商家也会出售细棉布坯样衣。前者针对的是高档百货公司，比如哈罗德百货公司（Harrods）和梅西百货公司（Macy's），这些公司在广告中以香奈儿、巴杜（Patou）和浪凡（Lanvin）的官方模特形象宣传自己的品牌，并尽可能地模仿这些服装。模板出售业针对中等市场的成衣行业，它们以模板为基础，大量生产便宜的复制品。这些沙龙甚至还提供为同一市场的低端产品设计的纸样，这表明，巴黎时装产业既是一个组织有序、利润丰厚的行业，也是一个注重其地位和声誉的行业，也同样注重艺术性和卓越设计。

“巴黎人”这个词本身就是一切奢华、优雅和高贵的代名词，广告商们尽一切可能挖掘其内涵。新兴的美容和化妆品行业无不与巴黎紧密相连——无论是真实的还是想象的——或者是平庸的产品，如巧克力薄荷糖或减肥药，只要在广告文字中加上“巴黎人”，就可以变成拥有异国情调和特别品质的东西。通过这种方式，通过廓形的简化、有组织的成衣行业和新材料，以前只属于上层阶级和精英阶层的巴黎高级时装，一下子就渗透到了社会更广泛的领域。

设计与装饰

如果说廓形的变化是彻底的，那么设计上的实际变化——尤其是装饰上的变化——更是如此。这些新的穿衣模式不仅更宽松、更自由、更实用，完完全全地现代化，而且还揭示了一系列的影响和灵感，这些影响和灵感来源广泛。

Mlle PAULETTE DUVAL

Costume de Dœuillet

页图
名的舞蹈家和女演员波莱特·杜瓦尔穿着
维莱特（Doeuillet）设计的服装。插图：
拉基米尔·巴扬斯基。*Gazette du Bon*
n，1920年

20世纪的头十年，时尚界重新引入了鲜
的调色板。保罗·波烈被认为是第一个采用
亮色彩的设计师，并以长寿黄、电蓝色、亮
色和鲜艳的绿色呈现高级定制服装。他的这
色彩鲜艳的作品灵感来自艺术家：野兽派画
在1905年的秋季沙龙上用他们的非自然主
调色板和"准"表现主义（quasi-expres-
nist）风格引起了轰动，1909年，俄罗斯芭
舞团用他们的东方幻想席卷了巴黎。在色彩
术中，作为一个狂热的艺术收藏家，波烈想
过将这些当代艺术表达转化为他的创作，把
尚提升到同样的高度。由此产生的服装是明
的、创新的，最重要的是豪华的。

俄罗斯芭蕾舞团的影响不限于色彩，还跨
到时尚风格的发展。在波烈的作品中，他的
方主义风格，被人们美誉为一种来自遥远时
和地方的异国情调的想象混合物。在这种情
下，东方与其说是一个地理位置，不如说是一
虚构的概念。它的影响范围包括南美、非洲
亚洲等不同地区，而且不局限于现实的时间
地点；相反，它借鉴了古老的神话历史和民族，
实现其广泛的幻想范围。这种东方主义影响
结果是，伊斯兰宫廷的哈伦裤、和服斗篷、头
束腰外衣等元素进入了西方时尚设计。

面对波烈，其他时装设计师也迅速跟进，
了爱德华七世的柔和调色板和过时的紧身
风格，青睐异国情调、性感和更流畅的服
巴黎高级时装最初希望继续保持精英品质
华气派。由此带来的第一波转变，但对普
性的穿着几乎没有什么影响。随着1920
对这种东方主义的重新诠释，它的影响才
渗透到大街上的女性身上，对女性的时尚
产生了真正而普遍的影响。

战争期间，波烈在"一千零一夜"中设计的梦幻礼服已经过时，但这些作品中的异域元素以一种更耐穿、更实用的形式重新出现在服装设计里。因此，在1920年代初，波烈探索的奇异形状已经转移到前面提到的更平、更方、更直的裙子上，展现了大量的东方细节，包括中国和俄罗斯民间刺绣、非洲和南美洲灵感的图案、和服风格的袖子和外套、想象中的奴隶服装的华丽珠饰和流苏、东方灵感的珠宝头巾和发带、秃鹳羽毛装饰的扇子和披肩，颜色和图案大胆的烟盒和烟嘴……

基于欧洲为中心的版本，人们想象中的非洲服饰以有部落印花、袖口和厚实的服装上缀有珠宝的形式提供了丰富的灵感来源。作为当代艺术运动的驱动力，非洲元素也在时尚界崭露头角。约瑟芬·贝克（Josephine Baker）的香蕉裙让巴黎着迷，而非裔美国歌舞明星艾达·布里克托普·史密斯（Ada 'Brick-top' Smith）开的夜总会"布里克托普酒吧"成为巴黎最热门的夜总会。诞生于非裔美国人社区的爵士乐和舞蹈，如林迪舞（Lindy Hop）和查尔斯顿舞（Charleston），被认为攀上了现代舞蹈的巅峰。巴黎被这些创意迷住了，为此，时尚界也纷纷效仿。

另一个来自非洲的灵感源自古埃及。在1920年代之前，它一直是灵感的来源，但在霍华德·卡特（Howard Carter）1922年发现图坦卡蒙的陵墓之后，全世界都陷入了埃及狂热之中。仿照古代法老神庙建造的电影院，装饰着莲花和狮身人面像图案的胜家缝纫机，带有象形文字图案的时装，"类似"在死亡室中发现的战利品的夸张的服装珠宝，莲花刺绣，还有双角和三角埃及帽子（尽管它们有点像法老的头饰）。对埃及的痴迷也可以从时尚插画的风格转变中看出，有的高端出版物也立马采用了埃及视角，开始在平面背景上描绘模特的侧面。

右页图

玛德琳·薇欧奈的广告。*L'Illustration des Modes*，1920年

Madeleine VIONNET montre sa nouvelle collection de Robes, Manteaux, Fourrures depuis le 1er *Octobre*.

右页图
明信片上的好莱坞女演员波拉·尼格里身穿一件饰有俄罗斯农民风格刺绣图案的毛皮镶边大衣，约1921年

俄罗斯刺绣的流行也植根于一种文化发展。1917年俄国革命后超过15万俄国人作为移民来到巴黎，他们中许多人要么建立自己的高级时装公司，要么为巴黎的知名时装公司工作。俄罗斯的妇女们往往在童年时就学会了刺绣，很快，这些生动的装饰就在巴黎形成了一种时尚——尤其是在战后几年，它们取代了奢侈的面料。除此而外，俄罗斯的影响还体现在其他方面。俄罗斯的基特米尔（Kitmir）、伊尔夫（Irfe）和耶特布（Yteb）等品牌借鉴了传统的男性刺绣衬衫（kosovorotka）的风格，为女性创造了一种独特的服装，受到了极大的追捧。俄罗斯人还将他们的传统毛皮和面料的组合引入巴黎，成就了1920年代衬衫、连衣裙和大衣的经典款。然而，他们最持久的影响是一种叫科科什尼克（kokoshnik）的俄罗斯头饰带来的，它和钟形帽一起成为20年代时尚的标志。

历史风格激励着当时的设计师们，尽管我们认为现代、创新、活泼等词语，塑造了20年代的这十年的时装创作。最重要、最流行的例子是“绘画女装”，一种下摆呈圆环状宽松式，与紧身上衣相连的全长款连衣裙（Robe de Style另一种说法）。这种裙子在前十年首次出现，但一直深受年长女性的喜爱，被视为比年轻、直身的款式更女性化的选择。

就设计师使用的颜色而言，几乎不可能说出哪一种颜色可以定义这个十年。便服和晚装之间的明显区别是可能的：后者使用的颜色非常丰富，有最亮的粉色、黄色、绿色和蓝色，而前者喜欢更保守的颜色，如深棕色、灰色、蓝色和黑色。不过，鲜红色、绿色和橙色也在便服设计中偶有应用。色彩的阶级区分也很明显：一个职业女性的衣柜，虽然具有时尚的风格，但他们倾向选择更安全的中性色和深[illegible]因为她们的衣服必须使用更长的时间，不能[illegible]为时尚的牺牲品。尽管如此，更鲜艳的颜色[illegible]是以配饰的形式出现了，如帽子、手套、包[illegible]围巾，这些物品可以更新，以符合当时的时[illegible]而且成本相对较低。当然，夏季服装的颜色[illegible]材质也有季节差异。

20年代最值得关注的时尚颜色是黑[illegible]虽然黑色的流行通常归因于香奈儿1926年[illegible]小黑裙，但实际情况要复杂得多。1926年，[illegible]国Vogue杂志将她的小黑裙（LBD）称为香[illegible]儿T型，并预言它将成为女性的通用制服。[illegible]而，黑色在1920年代以前就成为时尚色，[illegible]其在便服设计中更为普遍。当然它也是丧服[illegible]色的一种选择，但不是唯一的选择。正如本[illegible]中的图片所显示的那样，中高端市场的出版[illegible]对简单的黑色连衣裙的广泛热情打破了一个[illegible]话，即只有在香奈儿推出她的小黑裙之后，[illegible]有阶层的女性才开始复制它，并把它变成一[illegible]通用的制服。事实上，有证据清楚地表明，[illegible]精英阶层采用黑色之前，黑色更有可能是工[illegible]和中下层阶级的主要服装的基本色调，无论[illegible]作为工作服装还是时尚服装，皆有使用黑色[illegible]调。The New Republic: A Journal of Opi[illegible]早在1921年7月就观察到：“所以在街头[illegible]饰方面，我们有一大群从头到脚都是黑色[illegible]性。”

当时受欢迎的面料仍然包括丰富的真[illegible]天鹅绒、刺绣网纱和金银丝织锦缎，它们[illegible]处在市场的顶端，作为晚装的主要面料。此[illegible]针织、马海毛、华达呢、双绉、卡沙细呢（[illegible]sha）和人造丝等更舒适实用的面料也很[illegible]它们直接反映了女性对城市自由生活的向

POLA NEGRI
2089

LA MODE-SPORT
Printemps-Eté 1929

运动服装

女性的衣柜里也出现了各种各样的“新”服装，最恰当的描述就是运动装。这种类型的衣服最初只对精英阶层的成员有影响，然而，它们的影响力却逐渐渗透到较不富裕的消费者。

运动装是迄今为止对20年代女性生活影响最大的一种服装。这在两个截然不同但又相互关联的方面有所体现。如前所述，社会的特权阶层在战争期间发现了户外活动的乐趣，由此开发出新的服装，迎合他们的新爱好。对女性来说尤其如此，新的、更加自由的社会地位使她们有更多的机会参与体育活动。在此之前，诸如高尔夫、滑冰、狩猎、滑雪和骑马等运动虽然没有排斥女性参与，但女性的着装要求是很严格的，即使参加这些活动，她们也得穿着符合当时女性理想的服装。这不仅意味着她们必须穿着不舒服且受限制的礼服，实际上还在这些“运动”套装下穿着紧身胸衣。

1910年代末和1920年代出现了一系列新的、更舒适的女性运动装。多亏了香奈儿对运动衫的引入和她对男性剪裁的运用，以及将女性从战前的一些限制性规定中“解放”出来的社会变革，这些变化清晰地反映在女性服装的新款式风格上，更多体现了舒适性——但最主要的是她们的运动装设计。

现代运动装的设计见证了全新服装的引入，如汽车甚至飞行时装，因为汽车和飞机的现代性反映了新兴的风格。高端时尚刊物刊登了女性从车上下来，穿着长长的羊毛和皮革大衣，戴着最新设计的手套和帽子。事实上，汽车工业特别针对现代女性，设计了无数女性开车的广告，肯定了她们的“新”地位和女性身体的现代性。

左图

四套高尔夫球服，法国，*La Mode-Sport*，约1928年。饰有贴花首字母的两件套针织套装，米色卡沙细呢连衣裙，深蓝色重绉连衣裙配印花围巾，黑色半裙搭配黄色针织套头衫

右页图

詹森（Jantzen）泳衣广告——将普通的泳装变成时尚泳衣。*Liberty*杂志，1929年

这些运动时尚，虽然往往只是时尚，但揭示出在战后的岁月里，人们对男性和女性的健康问题越来越感兴趣。学校的体育课程也成为课程的重要部分，同时地方和国家体育俱乐部的会员也在增加。尽管在向男性和女性传授和推销体育运动方面仍然存在明显的性别差异，但健康成为日常话语的重要内容，意味着社会积极鼓励女性参加比过去几十年更广泛的体育活动。

随着医学的进步，健康问题被提上了议事日程，但令人震惊的数据显示，在1917年，接受检查的男性中只有36%适合服兵役，40%完全不合格或被列为无法从事体力活动，这可能对健康的追求产生了更大的影响。国民健康对于国家来说，至关重要，尤其是在1920年代，第一次世界大战可能不是“结束所有战争的战争”的早期迹象开始出现。事实上，在接下来的十年里，这种对健美身体的新崇拜在德国被赋予了极其邪恶的内涵。看来，要理解对体育及其伴随的新时尚的重要性，有必要把它们置于更广泛的社会和政治背景下来思考。

另一项非常受欢迎的运动是游泳，尤其是对女性而言。在1912年的奥运会上，女性被允许参加游泳比赛。从那时起，这项运动开始流行起来——尤其是在1920年代后半叶，格特鲁德·埃德尔（Gertrude Ederle）小姐1926年以比世界纪录领先近两个小时的优势游过英吉利海峡。更令人印象深刻的是，在她之前这个纪录一直由男性保持。

奥运会官方认可游泳是一项对女性友好的运动，这是一种催化剂，促进了更现代和实用的女性游泳服装的发展。1920年代，爱德华时代的裙裤和裙子的搭配被羊毛针织无袖连体式女士泳装取代，让人想起早期的男性泳装。这些半松紧带的服装有各种各样的颜色和图
比历史上的同类服装更适合水上活动。正如
衣公司詹森在1929年的广告标语中宣称的
样，这是“将普通的泳装变成时尚泳衣”。

女性泳装的这种戏剧性的重新设计之所
成为可能，是因为人们对女性和她们的矜持
了不同的认识，深受文化观念发展的影响。
会对妇女及其身体的这种更为自由的态度也
映在一种相关的文化现象上——在两次世
大战之间的几年里，户外公共游泳池的数量
指数级增长。

19世纪，出于对健康和卫生问题的考
公共游泳池成为大多数大城市的特色。最初
些泳池只为男性开放，即使当他们向女性开
的时候，男女泳池也是被隔离的，甚至每个
池都有一个单独的入口。早在1901年，混
浴就在一些城市被引入，但直到很久以后才
接受——事实上，直到1930年代，某些池
水域和游泳池才允许男女混合使用。1920
代大量出现的露天浴场，传播并肯定了性
化的积极转变，因为大多数露天浴场允许
浴，并被推销为家庭生活的一种方式。穿
代泳装的现代女性成为那个时代的标志。
滨度假胜地的旅游海报到好莱坞电影，到
能看到泳装美女的画像，她们被誉为理想
物，她们外貌的吸引力远胜于游泳本身。

美丽的理想

另一个促成户外游泳场所流行的因素
是日光浴的兴起，对限制较少和袒露适中
泳服装提出了新的需求。几个世纪以来，
阶层一直将晒黑的皮肤视为贫穷和地位
的标志，而对户外活动的新兴趣见证了这
大转变，晒黑的皮肤不仅被认为是健康的

Blonde, brunette or titian . . . there are certain Jantzen colors best suited to your type. Once you've chosen yours, 'tis a simple matter to complete your ensemble . . . robe, cap, belt, shoes . . . for beach parade.

Then, when cool waters beckon, cast aside your robe and enjoy the full pleasure of swimming in a Jantzen. Tightly knitted from the strongest, long-fibred wool, a Jantzen fits you perfectly, permits such freedom for swimming that you scarcely know its on you! Smart, too, in appearance, with its trim, youthful lines.

See the new models at your favorite store . . . the *Twosome, Sun-suit, Speed-suit.* Many are conveniently buttonless in all sizes—others without buttons up to 42. Specially packed in «color harmony sets» for each type. Gay hues, pastel shades, or stripes. Color-fast. Your weight is your size. Jantzen Knitting Mills, Portland, Oregon; Vancouver, Canada; Sydney, Australia.

Jantzen

The suit that changed bathing to swimming

左页图

理查德·诺顿夫人阁下的肖像，被誉为“英国最美丽的女人”，1926年

而且是一种时尚的外观。晒黑的模式也与低腰礼服、无袖礼服和裙摆的上升有关。身体袒露越多，就越需要打理和训练。

另一个与运动参与和健康意识的流行有关的身体训练是节食的兴起。直到1917年，女性杂志上还能看到“增肥”药丸和面霜的广告，20年代的女性服装的廓形普遍纤细，几乎没有曲线。一些年轻女性崇尚天生就拥有男孩般的身材，但对大多数女性来说，穿着宽松的、不那么突显身材的紧身胸衣和节食能使自己看起来更为男孩子气。时尚从来不只是衣服，她们需要身体来激活它们。这样，探索时尚就是探索身体与面料之间的互动关系。通过思考服装的设计和风格，我们可以理解任何特定时期的审美理想，因为服装总是按照理想的身体来设计的。在1920年代，很明显苗条的身材才是大众的审美理想：腰部没有过多的剪裁，后来出现低腰，平坦宽松的连衣裙，隐藏了胸部……那个时期的理想身材绝对是修长和男孩子气。

这种男孩子气的身材与象征那个时代的男孩子气的发型——短波波头相衬。在历史上的不同时期，女性都曾把头发剪短，但这些都是短暂的趋势，而不是普遍的流行趋势。长发被视为女性气质的标志；因此，剪掉长发往往被解读为政治象征。目前还不清楚是谁开创了1920年代的这一潮流，但可以肯定的是，这不是一夜之间的变化，而是一个缓慢的过程。在20世纪的头十年，波波头开始变得更柔和，到20年代中期，波波头发展到极致，变成了棱角分明、紧贴头骨的短发。此外，“波波头”并没有一个单一的定义——许多女性也模仿剪短了头发，但波波头的种类很多。最初，男性和老一辈的人都被这一趋势吓坏了，但很快，它就成为高端和廉价时尚刊物上公认的美丽理想——尽管值得注意的是，为低端市场制作的图像大多以更柔和、不那么令人震惊的发型为特色。

无论是在当时还是在回顾历史时，这种女性时尚都被视为来自男性特征的影响。在当时的报纸上，这个问题被大量讨论，并被视为对男性气质的滥用和歪曲，表明女性气质的丧失。更保守的报纸认为这是一种威胁，是厄运的象征，他们宣称女人将不再做饭和照顾男人。对一些人来说，这可能是一种政治声明，当然对另外一些人来说，这种发型更能适合女性的自由生活方式。但对大多数人来说，这只是时尚。

波波头是钟形帽的完美发型，或者说钟形帽是波波头的完美搭配。深冠小檐的钟形帽被戴得很低，遮住了眼睛，和波波头一样，它已经成为那个时代的标志性特征。然而，与普遍的看法相反，它不是20年代的“发明”，早在10年代中期就有人穿戴。同样，它也远非时尚女性所戴的唯一一种“类型”的帽子。事实上，这十年的头几年就出现了大量不同风格的帽子，包括双角帽、三角帽、头巾、中国帽、俄罗斯科科什尼克帽，以及一大堆奇妙的东方元素，通常将两种不同类型的帽子结合在一起——比如科科什尼克风格的刺绣头巾帽或带双角的钟形帽。最显著特征是，大多数人像戴钟形帽一样，戴得很低，盖在头上。在这十年间，帽子呈现出半雕塑的比例，现有的各种帽子也加入了新的创作。其中包括从赛车头盔衍生而来的头盔和贝雷帽。贝雷帽以前是专为儿童和工人阶级设计的，后来变成了一种时尚——经常配上一枚胸针。

波波头和帽身较深的帽子把脸框起来，让它变成了一幅画。为了突出并完整体现现代造

型，还需要考虑另一种新趋势：突出的妆容。上几代人就尝试化妆，他们用化妆来展现自己的自然美——也就是说掩盖瑕疵——别致的妆容是柔和、白皙和自然的。然而，20年代的时髦女孩却有着截然不同的面孔。嘴唇上涂着色彩鲜艳的口红；眼睛上了深色眼影；脸颊上搽上了胭脂。在此之前，化妆是歌舞团姑娘和妓女的专属，它被认为是粗俗的，拥有这样妆容的人往往被看作地位低下。

随着好莱坞电影的日益流行，这种情况发生了巨大的变化。镁光灯非常明亮，明星们不得不化妆来突出他们的五官，这样他们的脸才能在屏幕上清晰靓丽。1920年代末有声电影出现之前，这一点尤为重要，因为面部表情必须代替对话来传达情感和叙事。随着电影从短篇故事发展到故事情节更加复杂的成熟故事片，银幕上的明星们成为人们疯狂追逐的偶像，他们的长相被全世界模仿。蜜丝佛陀（Max Factor）是波兰的一位化妆师、化学家和假发制造者，他很快就发展了一个商业帝国，不仅为电影行业，而且为全世界的女性提供了化妆品。市场上出现了抽象艺术装饰风格的花式粉盒和口红盒，它们是时尚女性手包里的必备物品。

其他可以买到的便宜配饰包括，彩色电木或粘贴钻石的手镯、夹子、项链和耳环。这些廉价的配饰能为一件自制的裙衫增添魅力，显完美。鞋子的颜色、样式和装饰也多种多样，令人兴奋。裙摆的上升意味着腿和脚的展示，所以鞋子成为关注焦点。大多数的鞋子都高跟鞋，款式包括T型和交叉绑带。皮革、锦真丝、金银山羊皮以及一系列的装饰品，包真丝上的刺绣、串珠、绘画设计和钻石夹子带子，把鞋子变成了“脚上的珠宝”。就像帽和其他配饰一样，一双时尚的鞋子是更新一服装的完美方式。因此，从头到脚，女性都可将新颖而令人兴奋的形状、颜色、图案和设融入她们的穿着中。

1920年代的时尚虽然经常被高度神有时也被曲解，但它们赢得的声誉，值得铭和传颂，尤其是它们展现的自然、美丽、多和新奇。它们是社会变革在时尚上的体现，些变化极大地造福了妇女，并在社会、经济政治解放方面取得了重大进展。时代造就的女性值得拥有一个“新”衣柜来陪伴和开启的“新”生活。新时代孕育的自由，呈现出同主题，阅读本书时会尽收眼底。本书记录在20世纪最具标志性的十年里，时尚面临太多选择。1920年代拥有的，远不止摩登郎和钟形帽。

右页图、下页图

巴黎女帽设计师珍妮·维韦特（Jeanne Vivet）设计的四款帽子。*Trés Parisien*，1926年

让·巴杜（Jean Patou）绘制的各式套装。*L'Illustration des Modes*，1922年

Sur le vif
manche garnie de larges rubans façonnés
Ce manteau de dentelle d'argent recouvre une chemise de crêpe plissé
Taille indiquée par de petits plis
Galons garnissant le dos d'une jupe

chez Jean Patou
décolleté en crêpe froncé et uni —
Pour l'auto: manteau de peau de daim marron
Robe de crêpe Georgette blanc brodée de perles - Ruban à la Taille
Grande robe du soir en satin noir et broché d'argent
Un amusant bas de manche

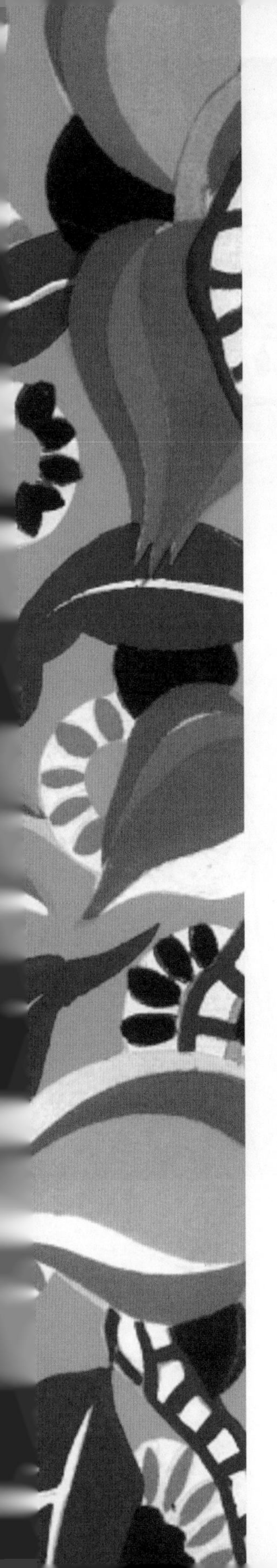

日装

上图

穿着绿色垂坠式连帽款家居服的女人，衣身饰以绳带和流苏。*La Mode*，1920年

上图

穿着绿色日装连衣裙的女人。

La Mode, 1920年

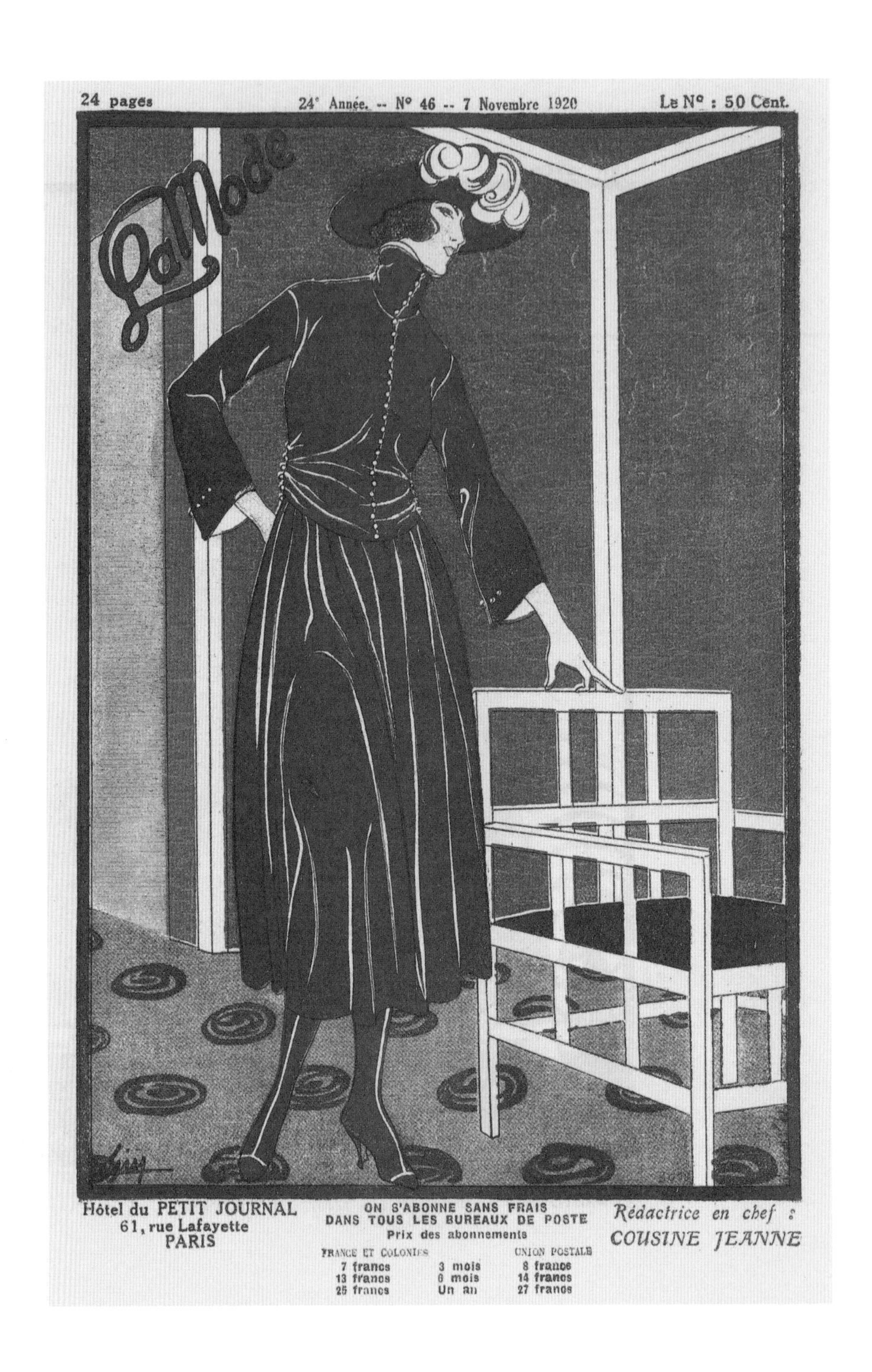
24 pages 24e Année. -- N° 46 -- 7 Novembre 1920 Le N° : 50 Cent.

La Mode

Hôtel du PETIT JOURNAL
61, rue Lafayette
PARIS

ON S'ABONNE SANS FRAIS
DANS TOUS LES BUREAUX DE POSTE
Prix des abonnements

FRANCE ET COLONIES		UNION POSTALE
7 francs	3 mois	8 francs
13 francs	6 mois	14 francs
25 francs	Un an	27 francs

Rédactrice en chef :
COUSINE JEANNE

上图、右页图

穿着黑色高领系扣大衣的女人。*La Mode*，1920年

一位穿着设计有喇叭形短袖和毛皮领的绿色连衣裙的女人。*La Mode*，1920年

Le N° : 50 Cent. 24e Année. -- N° 47 -- 14 Novembre 1920 ★ ★ ★ -- 24 pages

La Mode

3060

édactrice en chef :
OUSINE JEANNE

ON S'ABONNE SANS FRAIS
DANS TOUS LES BUREAUX DE POSTE
Prix des abonnements

FRANCE ET COLONIES		UNION POSTALE
7 francs	3 mois	8 francs
13 francs	6 mois	14 francs
25 francs	Un an	27 francs

Hôtel du PETIT JOURNAL
61, rue Lafayette
PARIS

日装

下图

“Jouerai-je?（我应该玩吗?）”，比尔为跑马比赛设计的连衣裙。皮埃尔·布里索（Pierre Brissaud）绘制。*Gazette du Bon Ton*，1920年

右页图

“Un Peu Beaucoup”（少量，两条日装连衣裙。费尔南德·西蒙nand Simeon）绘制。*Gazette Ton*，1920年

N PEU
BEAUCOUP

右图
“La belle Journée”（阳光灿烂的日子），保罗·波烈设计的夏日裙装。插图：乔治·勒帕普（George Lepape）。*Gazette du Bon Ton*，1920年

LA BELLE JOURNÉE

Robe d'été, de Paul Poiret

上图、右页图

束带真丝衬衫精选。*Paris Blouses*，1920年

四款实用的居家服。*Daywear Paris Blouses*，1920年

3205
3206
3207
3208
PL 10.
Quelques Peignoirs Pratiques.
ÉTÉ 1920
Gaston DROUET, Éditeur
6, Rue Ventadour, PARIS (1er arrt)
Paris-Blouses.
Supplément au N°10
Reproduction interdite.

日装

上图

女演员诺玛·希勒身穿由“Spiral spin”和“Moon-Glo”丝绉缝制的春季三件式套装，约1920年

右页图

五款宽松女衫设计

Élégant, 1920年

14
9782
9785
9784
9783
9786
PL. 1098
Gaston DROUET, Editeur
6 Rue Ventadour PARIS
Robe et blouses légères pour l'Été.
Paris Elégant
Reproduction interdite
Supplément au N° 130-1920

日装

右页图

束带真丝衬衫精选。*Paris Blouses*，1920年

3494
3495
3498
3496
3497
PL3
Les jolis effets de broderie.
HIVER 19201921
Reproduction interdite.
Supplément au Nº 11
Paris-Blouses.
Gaston DROUET Éditeur.
6, Rue Ventadour, PARIS (1er arr.)

日装

上图、右页图

五款宽松女衫设计。*Paris Élégant*，1920年

保罗·波烈设计的午后礼服“Voici L'orage”（暴风雨来了）。插图：乔治·勒帕普。*Gazette du Bon Ton*，1920年

日装

右页图
“Les Voila!”（他们在那里!），道维莱特设计的两款夏日裙装。*Gazette du Bon Ton*，1920年

LES VOILA !

Robes d'Été, de Dœuillet

上图、右页图

穿着以纽扣装点的红色高领俄罗斯衬衫搭配黑色裙子的女人。*La Mode*, 1920年

珍妮·浪凡设计的饰有红色蝴蝶结的绣花塔夫绸连衣裙。*L'Illustration des Modes*, 1920年

Robe de taffetas noir brodée de soie blanche et de paillettes de nacre. Le grand nœud de ruban de taffetas qui garnit le côté est repris sous la jupe beaucoup plus longue derrière (59).

右页图

一款饰有黑色花型刺绣的奶油色宽松无袖裙装，内搭一件袖子上饰有装饰图案的绿色阔袖连衣裙。*Les Modèles Chics*，约1920年

右图
切鲁伊特（Chéruit）设计的灰色双绉纱连衣裙，珍妮·浪凡设计的海军蓝配黑色连衣裙，沃斯设计的橙白双色连衣裙。皮埃尔·布里索绘制。*L'Illustration des Modes*，1920年

下图、右页图
一名年轻女子身着粉色百褶裙搭配红色束腰衬衫的夏季套装。*La Mode*，1921年

巴拉托夫公主的四款衬衫设计。*La Femme Chic*，1921年

La Femme Chic
SUPPLÉMENT

QUELQUES JOLIES CRÉATIONS DE LA PRINCESSE BARATOFF

II et III.
Blouses en "Crêpella"

日装

前页图

分别由德莱塞尔（Drecoll）、伊莉斯· 波莱特（Elise Poret）、Martial et Armand（译者注：时装店名）设计的五款午后小礼裙。*La Femme Chic*，约1921年

右页图

饰有黑色真丝阔袖的日装连衣裙，搭配宽檐帽和带扣鞋。*Journal des Demoiselles*，1921年

Journal
Demoiselles

15 Octobre 1921

A. Thiéry, Directeur
79, Boulev. Saint-Germain, PARIS

… « Élégances Parisiennes »

…plément au n° 20

Le Gérant : Baeurlé

La Mode, N° 1. -- 1er Janvier 1922. -- 24 Pages. — 50 Centimes

Rédactrice en Chef : COUSINE JEANNE

Dans ce numéro début du pathétique roman de M. Paul Bourget : Un Drame dans le Mo

上图、右页图

女人身着红色印花，喇叭袖连衣裙，搭配编织腰带。*La Mode*，1922年

日装连衣裙设计。*The Delineator*，1922年

Dress 3627

Dress 3635

Dress 3633

Dress 3620
oidery design 10957

views of these garments shown on page 105

Dress 3639

Dress 3604

日装

前页面

五款“别墅招待会”服装廓形。连衣裙和外套长至小腿，还有最受欢迎的手帕袖，正如Boué Soeurs 时装屋的模特所展示的，较短的蕾丝袖子也很流行。黑色的外套和裙子打破了人们在这个阶段只在哀悼时才穿黑色的观念，这表明在可可·香奈儿于1926年推出她的“小黑裙”之前，黑色已是一种时尚色。*La Femme Chic*，约1922年

下图

夏季连衣裙设计。*The Delineator*，192

连衣裙设计。*The Delineator*，1922年

下图、右页图

两个穿着冬季连衣裙的女人。*Le Petit E*
de La Mode，1922年

皮尔斯·特克斯（Pierce Tex）设计的
和裙子搭配的套装。安德伍德和安德
（Underwood and Underwood）摄
约1922年

Blouse Style "N"—Skirt Style "S"

N° 10 de La Gazette

Année 1922. — Croquis N° VIII

左页图

查尔特勒修会（查尔特勒修道士）家庭日连衣裙。这种连衣裙的名字源于与查尔特勒修道士穿的白色连帽长袍相似。大卫绘制。*Gazette du Bon Ton*，1922年

下图

"圣灵感孕"连衣裙，模特头戴俄罗斯风格的头饰，蓝色花朵腰带参考圣母玛利亚的颜色。*Gazette du Bon Ton*，1922年

下图、右页图

日装连衣裙搭配帽子，由杰曼设计。*L'Illustration des Modes*，1922年

修士漫步裙。大卫绘制。*Gazette du Bon Ton*，1922年

L'ILLUSTRATION

OU

Le Jardin des Modes

Lucien Vogel Directeur

France, 2 fr. 50
Étranger, 2 fr. 75

Paris
11, Rue Saint-Florentin

LE PIGEONNIER VERT
Robe de plein air de GERMAINE

ette

Croquis N° IV

ABB

下图

Ruffie推出的衬衫。上方图片中的威尼斯背景营造一种时尚且奢华的旅行氛围。右上方的衬衫装饰着传统的"俄罗斯"刺绣，而左上方的这一件则从古老的南美图案中获得灵感。所有的例子都有和服一样的袖子。*La Femme Chic*，约1922年

百货公司推出的四款女式衬衫。*La Chic*，约1923年

THE DELINEATOR, April, 1922
Page 3
Dress 3647
Hat 3665
Embroidery design 10787
Dress 3651
Hat 3665
Dress 3610
Dress 3653
Embroidery design 10895
Dress 3569
Cape 3602
Dress 3657
Hat 3325
Dress 3625
Embroidery design 10918
Dress 3616
Embroidery design 10916
Other views and descriptions of these garments are shown on page 104

Daywear

左页图、上图

夏季连衣裙设计。*The Delineator*，1922年

好莱坞女演员埃莉诺·博德曼穿着白黑丝缎女装，约1922年

下图

短款上衣和衬衫精选。*Le Petit Echo de la Mode*，1922年

CASAQUE en voile imprimé, ornée de rubans de satin au col et en bordure des manches. Casaque 14233, métrage : 1 m. 50 en 100. — CASAQUE en crêpe de coton, garnie de ruban ciré passé en troutrou. Casaque 14234, métrage : 1 m. 60 en 100. — PALETOT en molleton, orné de galon et de broderies. Jupe droite.

Paletot 14235, métrage : 2 mètres en 120. Jupe 14236, métrage : 2 m. 50
— CASAQUE en crêpe marocain, garnie d'un col et d'un biais en
Casaque 14237, métrage : 2 mètres en 100. — CASAQUE en jersey de soie rayé. Casaque 14238, métrage : 1 m. 20 en 110 ; tissu rayé, 0 m. 50 en 120.

Les meilleurs romans pour la famille et les jeunes filles sont édités dans la Collection "STELLA". Il paraît deux volumes par

下图
玛吉妮·拉克鲁瓦（Margaine Lacroix）设计的水手领衬衫搭配百褶裙的乡村套装。
La Femme Chic，约1923年

左页图

穿着罗缎套装的模特——一套人造纤维编织罗纹套装，衣身上饰有大量以农民风格为灵感的刺绣图案，衣领和袖口装饰精致的蕾丝，约1923年

上图

黑色丝缎日装连衣裙，口袋及裙摆饰有黄色刺绣图案，搭配黑色小羊皮鞋和黑色的宽檐钟形帽。美国，约1923年

左图、左页图

照片中模特穿着巴黎花卉双绉纱礼服。柏林，约1923年

白色裙子和衬衫套装。衬衫上装饰有蕾丝花边，并用钻石别针点缀，而长至小腿的裙子有精致的叠褶。 这个模特的上臂戴有一个手镯环。美国，约1923年

Dress Style 30-A

Underwood & Underwood

左页图、下图

由范·阿特拉（Van Ultra）设计的人造丝针织运动服套装。安德伍德和安德伍德摄影，约1923年

范·阿特拉设计的人造丝针织水手领连衣裙。安德伍德和安德伍德摄影，约1923年

下图

由卡罗时装屋设计的四款带有刺绣细节的衬衫。*La Femme Chic*，约1923年

右页图

塔夫绸连衣裙，饰有侧面褶饰、丝缎和蕾丝装饰。欧特伊赛马会上展出，1923年

上图

安德里·施瓦布（André Schwab）设计的四款衬衫，都饰有大量的刺绣细节。*La Femme Chic*，约1923年

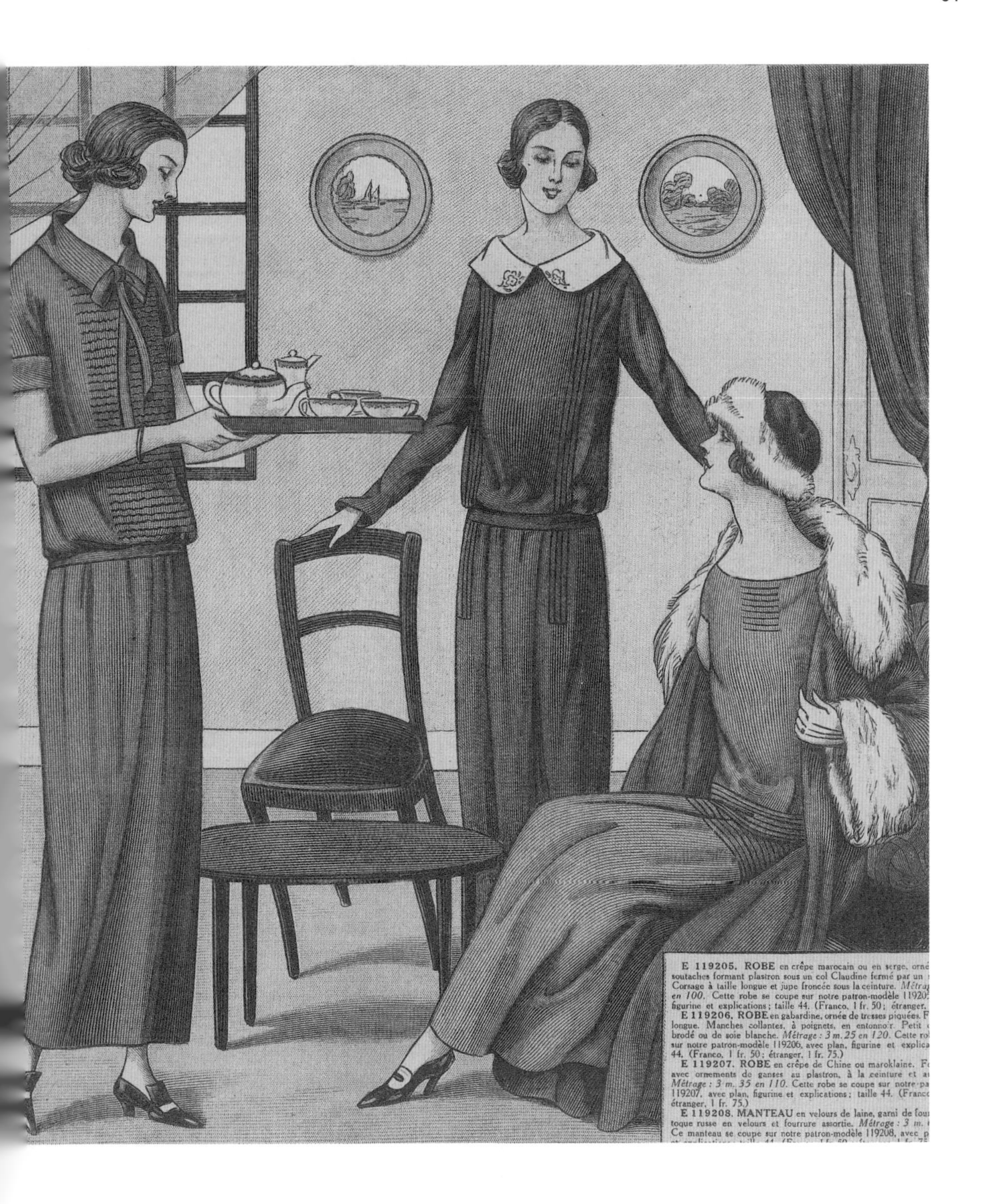

E 119205. ROBE en crêpe marocain ou en serge,
soutaches formant plastron sous un col Claudine fermé par un
Corsage à taille longue et jupe froncée sous la ceinture.
en 100. Cette robe se coupe sur notre patron-modèle
figurine et explications; taille 44. (Franco, 1 fr. 50; étranger,
E 119206. ROBE en gabardine, ornée de tresses piquées.
longue. Manches collantes, à poignets, en entonnoir. Petit
brodé ou de soie blanche. Métrage : 3 m. 25 en 120. Cette
sur notre patron-modèle 119206, avec plan, figurine et
44. (Franco, 1 fr. 50; étranger, 1 fr. 75.)
E 119207. ROBE en crêpe de Chine ou maroklaine.
avec ornements de ganses au plastron, à la ceinture et
Métrage : 3 m. 35 en 110. Cette robe se coupe sur notre
119207, avec plan, figurine et explications; taille 44.
étranger, 1 fr. 75.)
E 119208. MANTEAU en velours de laine, garni de
toque russe en velours et fourrure assortie. Métrage : 3 m.
Ce manteau se coupe sur notre patron-modèle 119208, avec

上图

三个女人穿着长款日装连衣裙。*Le Petit Echo de la Mode*, 1924年

上图、右页图

黄褐色真丝午后礼裙，腰部饰有一个翻领褶裥细节，约1924年

夏装精选，巴黎春天百货时装目录，1924年

下页图

夏装精选，巴黎春天百货时装目录，

66944. **ROBE** en marocain de coton, cerise mauve, saumon, citron, brodée blanc et en blanc, brodée noir **69** fr.
En serge vieux bleu, grise, castor, marine et noire, noir. .... **89** fr.
y laine, gris, castor, marine, anard et noir brodée noir, cerise brodée blanc. **115** fr.

CAPELINE en organdi, blanc n garni d'une cocarde issu .... **32** fr.

66941. **ROBE** en crépon coton, fond nattier, bois, amande, et noir, impression blanche. *La robe* .... **59** fr.
En tissu éponge, uni, mauve nattier, citron, cerise, gris, abricot et blanc... **45** fr.
En jersey laine uni, coloris garnie ton opposé. **89** fr.
En damier pure laine, noir et blanc, garnie galon et boutons blanc ou noir. *La robe* **99** fr.
En jersey jaspé, coloris de 66943.. **99** fr.

36921. **CLOCHE** en crêpe de Chine, marine ou mordoré, garni de ruban assorti .... **59** fr.

66943. **ROBE** en tissu éponge, garnie blanc, manches courtes, coloris du 66941. *La robe.* **55** fr.
En serge, marine ou noire, garnie de couleur *La robe* ...... **69** fr.
En jersey laine, uni, garniture couleur, coloris du 66941. *La robe.* **95** fr.
En jersey laine jaspé, fond marine, noir, canard, nègre et bois. *La robe* .... **135** fr.
En jersey laine, imprimé, fond canard, chamois, rouille, gris, impression ton différent .... **115** fr.

36922. **CLOCHE** en organdi, champagne ou mauve, draperie assorti **19.90**

66942. **ROBE** en voile de coton, fileté quadrillé, mauve, cerise, citron, nattier. *La robe* non doublée. **45** fr.
La robe doublée .... **59** fr.
En voile de coton fantaisie, fond marine, nattier, mauve, cerise et noir impression blanche. Non doublée....... **59** fr.
Doublée.................... **75** fr.
En voile uni, mauve, corail, citron, nattier. amande et blanc, *La robe* non doublée ...... **49** fr.
Doublée.................. **63** fr.
En crêpe de Chine, marine, écaille, gris, vieux bleu, amande, nègre, jade, mauve, turquoise et noire. *La Robe*.. **135** fr.

36923. **CHAPEAU** organdi relevé derrière, garni cocarde plissée, en blanc ou mauve........ **35** fr.

66946. **ROBE** en marocain coton, broderie blanche coloris du 66944. *La robe* .... **79** fr.
En serge coloris du 66944 broderie couleur ou assortie. *La robe* ..... **115** fr.
En jersey laine uni, coloris du 66941 *Prix* .... **125** fr.
En marocain de laine, amande rouille castor, gris marine ou noir. *La robe*. **135** f.

36924. **Petit CHAPEAU** en laize de crin noir ou nègre, garniture assortie. 75 f.

66945. **ROBE** en crépon fin, fond blanc brodé mauve, cerise, citron, nattier, noir, ou tout blanc, garniture couleur. *La robe* **69** fr.
En voile de coton fond écru, cerise, gris, impression couleur ou blanc, impression noire. *La robe non doublée* **69** f.
La robe doublée .... 85 fr.
En foulard marine ou noir, dessins blancs. **110** fr.
En jersey soie fond beige, blanc, crème imprimé noir, ou marine imprimé gris. *La robe, non doublée*. **135** fr.
— *doublée*. 185 fr.

36925. **CLOCHE** en paille fantaisie blanche ou mordoré garnie roses roses .... 80 fr.

66948 **ROBE** en popeline marine ou noire, broderie couleur ou assortie. *La robe* **145** fr.
En marocain de laine, coloris du 66946. *La robe* .... **155** fr.
En crêpe marocain gros grain, acajou, castor, nègre, amande, gris, vieux bleu, marine ou noir. **195** fr.

36926. **Petit CHAPEAU** en laize brillante marron, garni gland effilé soie assorti .... 59 fr.

66947. **ROBE-MANTEAU** en serge pure laine, marine ou noire broderie lacet assorti. *La robe*. **210** fr.
En popeline belle qualité marine ou noire. *La robe* .... **225** fr.

13927. **CAPELINE** en crêpe de Chine noir, calotte en tagal, garnie motif de perles, tons écossais, 95 fr.

66949 **ROBE** en crêpe de Chine, nœud de même tissu avec boucle, mêmes coloris que le 66 942. *La robe* **150** fr.
En marocain gros grain coloris du 66948 *La robe*.. 175 fr.
En marocain gros grain, fond amande, rouille, bleu, noir imprimé couleur, ou fond blanc imprimé noir. *La robe*

36928. **PETITE** ... satin noir garni paille cerise ....

Pour nous permettre de répondre mieux et plus rapidement aux désirs de notre Clientèle, nous la prions de bien vouloir ... mer autant que possible aux prescriptions indiquées aux pages suivantes.

13

Robes

Au Printemps
paris

voile de
blanche,
2.
99 fr.
115 fr.
de soie,
é, marine
é ton sur
145 fr.
ièrement
imé,colo-
125 fr.

66950.

ROBE en crêpe marocain coton, coloris du 66944, brodé blanc, *La robe*

125 fr

En crêpe de Chine marine, mordoré, noir, amande, brodée ton sur ton, en mauve, corail, jade, blanc, brodée blanc. *La role* 235 fr.

66951.

ROBE en marocain coton, broderie blanche, coloris du 66944. *La robe*

99 fr.

En serge marine ou noire, broderie rouille, vieux bleu ou assortie. *La robe*.......... 150 fr.

En marocain gros grain, nègre, écaille, marine, gris ou noir, brodée ton sur ton. *La robe* 195 fr.

66953.

ROBE en voile de coton, panneaux plissés, fine broderie blanche, coloris du 66942.

La robe non doublée

135 fr.

Doublée. 150 fr.

En voile de laine, marine, noir, beige, vieux-bleu et gris brodée ton sur ton. *La robe doublée soyeux assorti*.. 250 fr.

En crêpe de Chine coloris du 66942, broderie assortie.... *La robe* 295 fr.

66954.

ROBE en marocain gros grain imprimé de plusieurs tons, jolie boucle. *La robe*......... 160 fr.

En crêpe de Chine, coloris du 66942. *La robe*.. 150 fr.

En crêpe marocain gros grain, coloris du 66948 *La robe* .... 185 fr.

UBLIEZ PAS DE NOUS INDIQUER : LA TEINTE

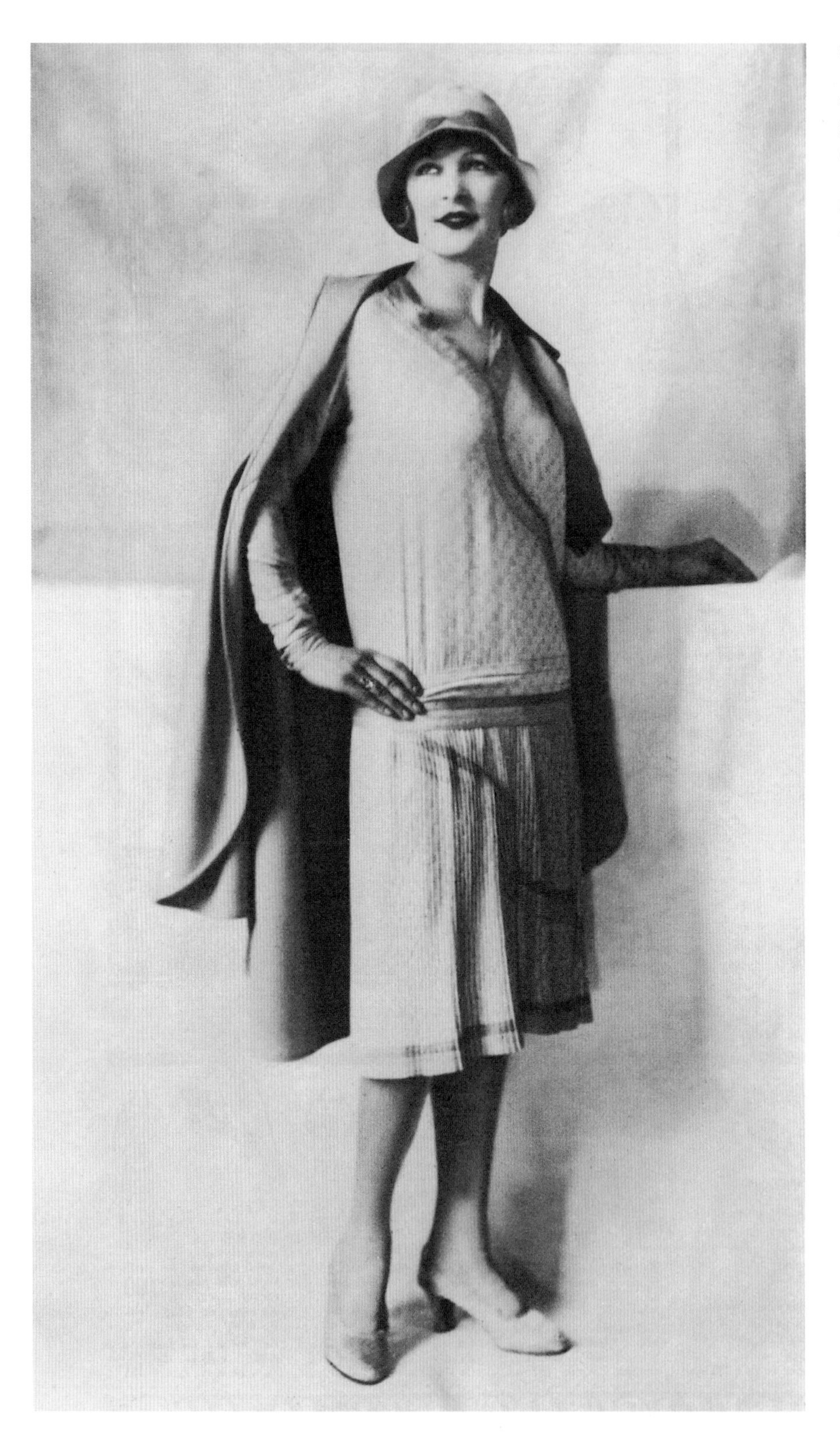

左图、右页图

巴黎风格套装，约1924
特披着米色披肩，身穿淡
连衣裙，裙身饰有米色和
间的刀褶

四款适合年轻女性的春装
Mode，约1924年

Les fraiches toilettes juvéniles

SUPPLÉMENT
N° 227 Pl. 477

… Mode
…LA SOURDIÈRE
…S (1er arrt)

右图、右页图

透明的金色刺绣锦缎连衣裙，内搭一件黑色绉纱衬裙，搭配一顶饰有大朵织物玫瑰花的帽子，约1924年

一名巴黎模特身穿红白印花丝绉长袖连衣裙，胸部饰有褶边装饰，约1924年

右页图

格鲁尔特（Groult）于1925年拍摄的“加拿大”时尚摄影工作室作品。裙子上的设计被描述为“印第安人”，在这里指的是加拿大原住民，它融合了传统原住民的设计风格。这种风格的挪用，表现了时尚界一种不太明显的东方主义

877
Atelier Bachroit

上图

蓝白两件套双绉纱午后套装，约1925年。套头衫上，用小珍珠精心地绣出极富风格的波浪图案，而宽松的蓝色外套采用刺绣和滚边处理，以匹配套头衫的设计。一顶贴合头部的钟形帽使这套服装更加完美。波浪的设计灵感可能来自葛饰北斋于1829年创作的木版画《神奈川冲浪里》

左页图

巴赫罗茨定制工坊（Atelier Bachroitz）设计的黑色罗缎午后小礼服，嵌有彩色天鹅绒贴片，其边缘饰以褶裥银色丝带。*Chic Parisien Beaux-Arts des Modes*，1925年

上图、右页图

紫色裙装套装，外套饰有皮草镶边。*Album Tailleur de Luxe*，约1925年

夏日午后的塔层连衣裙，搭配草帽和白手套。法国，约1925年

日装

上图

蓝、白、红色相间无袖漫步套装，配蓝腰带和三色钟形帽。法国，约1925年

右页图

Marsall秋装明信片上的模特展示一件饰有领部饰带的丝绉连衣裙。美国，约1925年

A
ARSHALL
AUTUMN
MODEL

右页图

一件蓝白红三色的长袖连衣裙，肩上装饰一朵巨大的黄色人造花，搭配一顶蓝色钟形帽，上面有较小的黄色花朵。法国，约1925年

日装

上图、右页图

嵌有栗鼠皮毛镶边的丝绒午后长袍和拼贴有真丝与金色刺绣的午后礼服，由巴赫罗茨定制工坊设计。*Chic Parisien Beaux- Arts des Modes*，1925年

由巴赫罗茨定制工坊设计的镶有豹猫皮毛领子和袖口的羊毛丝绒针织连衣裙。*Chic Parisien Beaux-Arts des Modes*，1925年

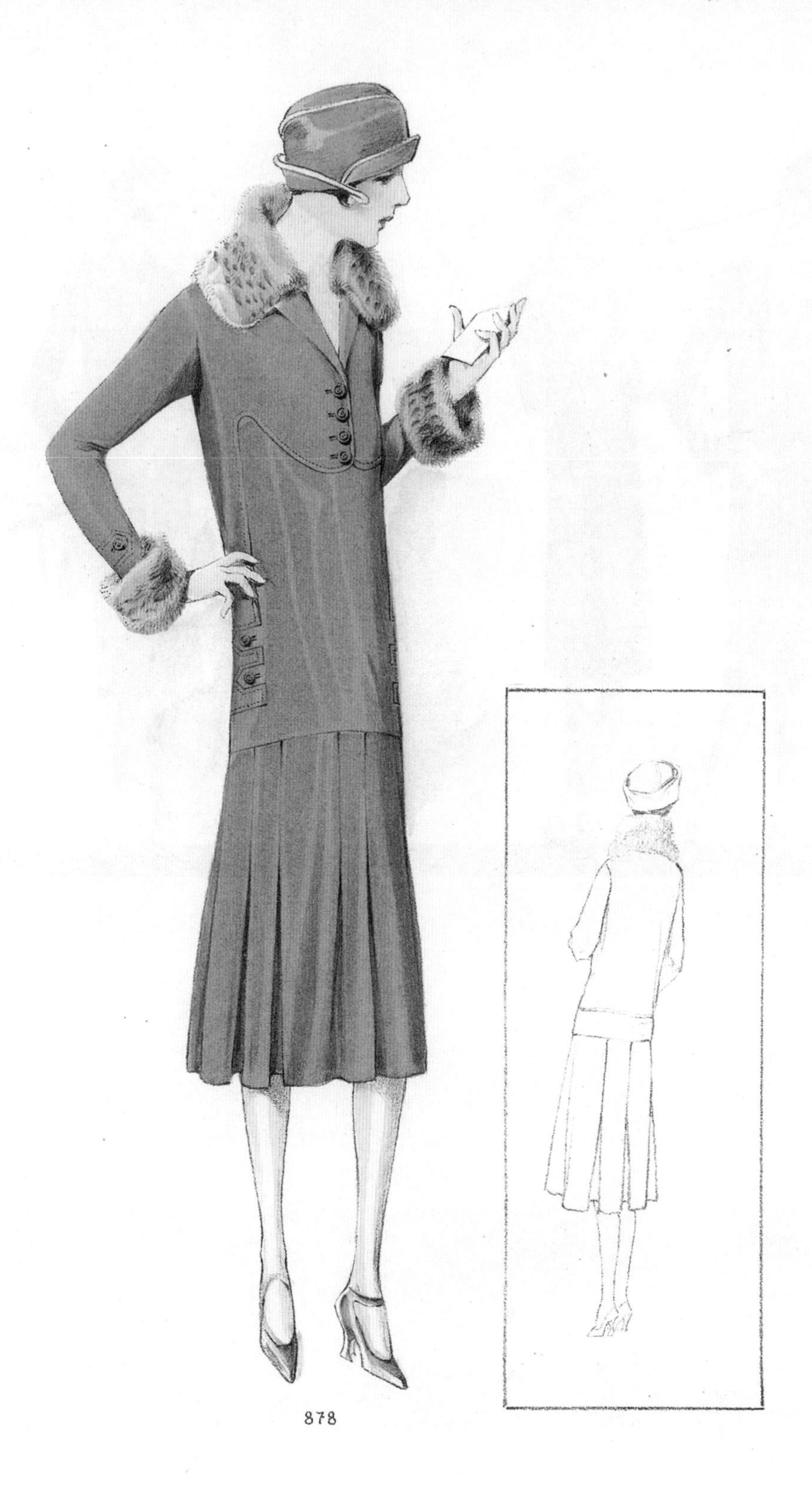

878

Atelier Bachwitz

上图

由葛达时装屋（Maison Gerda）设计的四款日装连衣裙。葛达时装屋目录，约1925年

上图

由葛达时装屋设计的四款日装连衣裙。葛达时装屋目录，约1925年

上图、右页图

雷德芬（Redfern）设计的大衣和简洁的衬衫，包括格纹的设计。*La Femme Chic*，约1925年

法国设计师马蒂·迪翁（Marthe Dion）设计的两件式黑色缎丝服装，内搭白色乔其纱和丝缎套头衫，具有背心的穿着效果，约1923年

"GERDA" 20 boul^d M

N° 500	N° 501	N° 900	N°
SWEATER	**PULL-OVER**	**BAS**	**ROBE** DE

左图

由葛达时装屋设计的五款针织衫。葛达时装屋目录，约1925年

上方左图、右图

由葛达时装屋设计的四款日装连衣裙。葛达时装屋目录，约1925年

由葛达时装屋设计的四款日装连衣裙。葛达时装屋目录，约1925年

右页图

两套漫步套装和一件午后小礼裙。Au Louvre时装目录，1925年

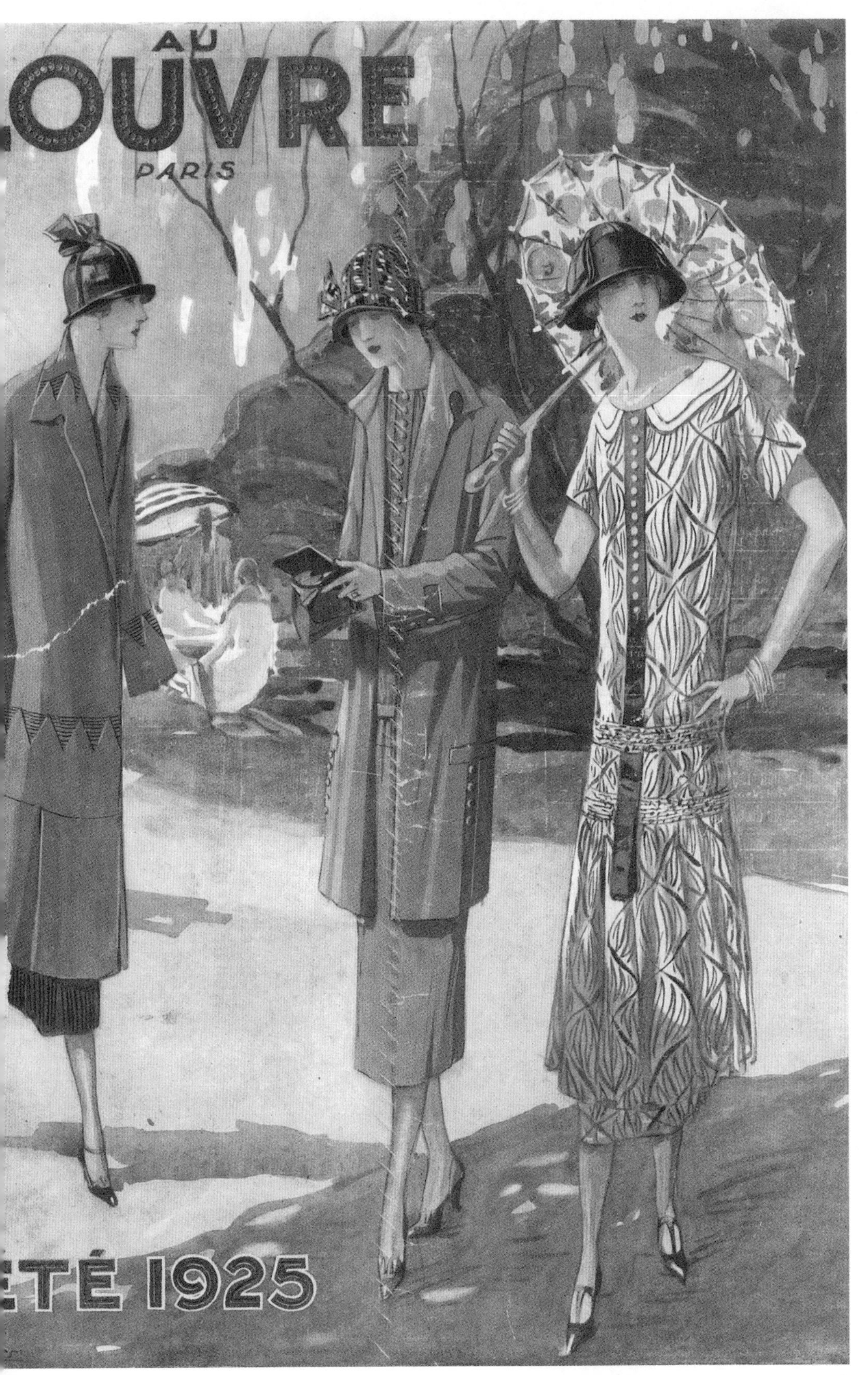
AU
LOUVRE
PARIS
ÉTÉ 1925
日装

左页图、上图

模特穿着装饰有错视图案的白色丝缎套头衫，由大卫时装屋设计，约1925年

女士衬衫，包括伯纳德和卢西恩·勒隆设计的衬衫。*La Femme Chic*，约1925年

上图

设计有钟形垂褶的缎背绉午后小礼裙，前襟开衩、裙摆呈喇叭形的丝缎午后小礼裙，领部装饰有罗纹丝带制领带的丝缎修身连衣裙，均由巴赫罗茨定制工坊设计。*Chic Parisien Beaux-Arts des Modes*，1925年

右页图

一件饰有装饰叠褶的铁锈色
裙，搭配一条宽大的狐狸
Paris Elégant，约1925年

9265

上图、右页图

三款运动装套装。*Paris Elégant*，约1925年

衬衫和毛衣设计。*La Femme Chic*，约1925年

下图

针织套头衫和百褶裙套装，约1926年

右页图

城市运动风衬衫设计，其中包括卢西
隆设计的粉色和黑色刺绣衬衫。*La*
Chic，约1925年

emme Chic
SUPPLÉMENT
Pl. 662.

BLOUSES DE SPORT ET DE VILLE

I. Création Lelong.

左图、右页图
爱丽丝·伯纳德设计
服套装，裙身和袖部
上身是流苏围巾衬衫
Femme Chic, 192

Martial et Armand
腰黑白格纹连衣裙
Parisisien, 1926

左页图

女演员杰奎琳·加兹登在与克拉拉·鲍一起出演的电影 *It* 中，她身穿一件蓝色平纹丝绉晨礼服，饰有银色织带形成V形装饰图案，还用来装饰口袋的边缘，约1926年

上图

由Bernard et Cie设计的蕾丝领日装连衣裙。*La Femme Elégant à Paris*，1926年

Daywear

左页图

两款日装连衣裙。*Sélection*，约1927年。这条黑色的连衣裙与可可·香奈儿在1926年设计的小黑裙极为相似

下图

一件前开襟连衣裙，直立领上嵌有蕾丝花边，裙身上的花式镂空透出色彩艳丽的真丝底布；一件设计有美第奇领和裙摆饰有箱型褶的连衣裙；一件净色真丝外出款连衣裙，衣身上横向拼接有羊毛嵌条。均由巴赫罗茨工作室设计，*Grande mode Parisienne*，1926年

下图

裙摆饰有叠褶的卡沙细呢针织连衣裙；春季连衣裙的领子上饰有刺绣图案，衣身上还拼贴有纽扣装饰的肩带；一件羊绒针织连衣裙，裙摆上饰有向内对折的工字褶。均由巴赫罗茨工作室设计。*Grande mode Parisienne*，1926年

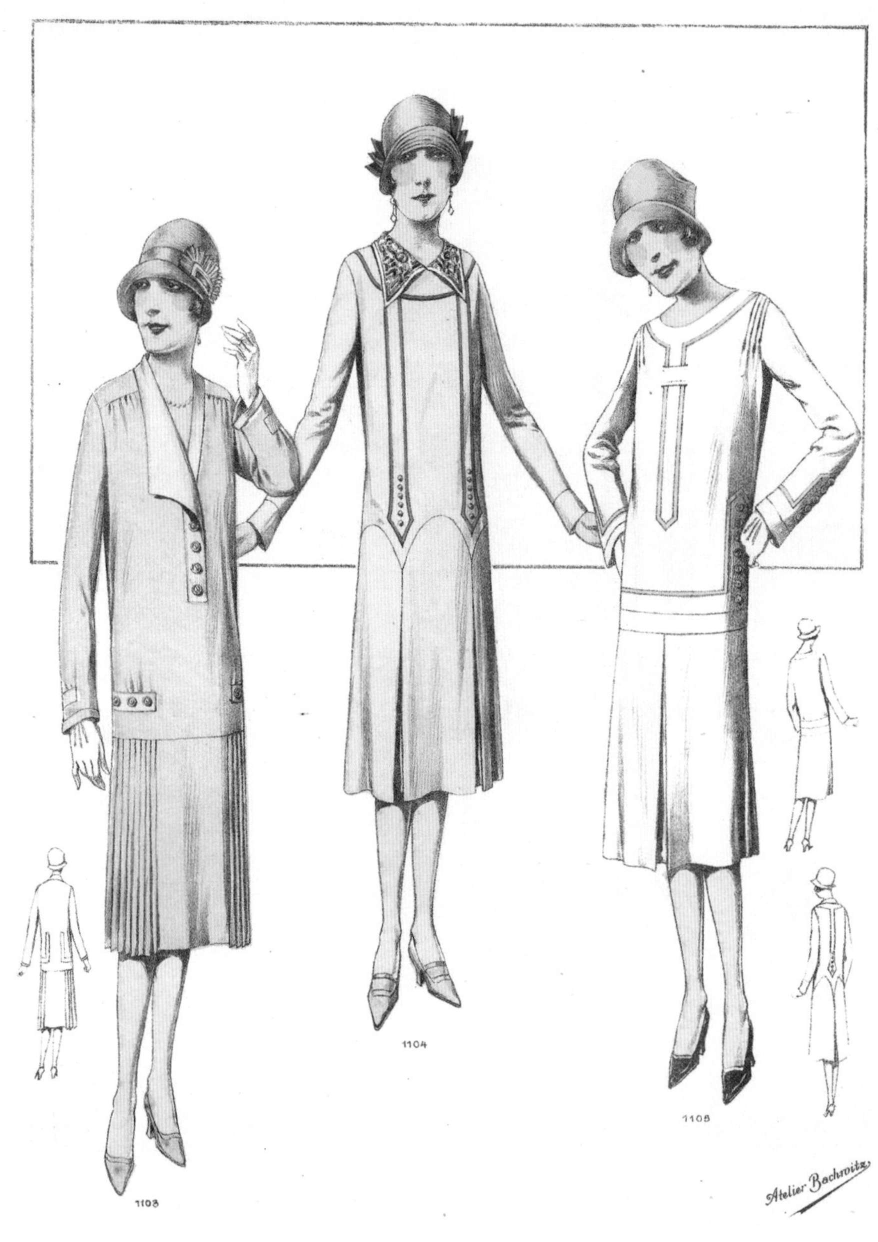

左图

腰部和肩部拼贴有真丝饰带的针织连衣裙；两侧饰有波蕾若式褶皱的羊毛连衣裙；套头式真丝连衣裙上身是花纹真丝，裙身是净色真丝，其侧边饰有装饰褶皱。均由巴赫罗茨定制工坊工作室设计。*Grande mode Parisienne*，1926年

步裙，配上一条可穿插领带；拼饰带细节的漫步裙；套头式丝绉设计有装饰领巾，下摆饰有叠褶。罗茨工作室设计。*Grande mode* e，1926年

右图

一款饰有三角形口袋和刺绣腰带的外出款连衣裙；一款查梅兰女士呢套装，上身的波蕾若外套上饰有丝绉褶饰镶边；一款日装连衣裙，设计有绕颈领巾，裙摆饰有装饰褶皱。均由巴赫罗茨定制工坊设计。*Grande mode Parisienne*，1926年

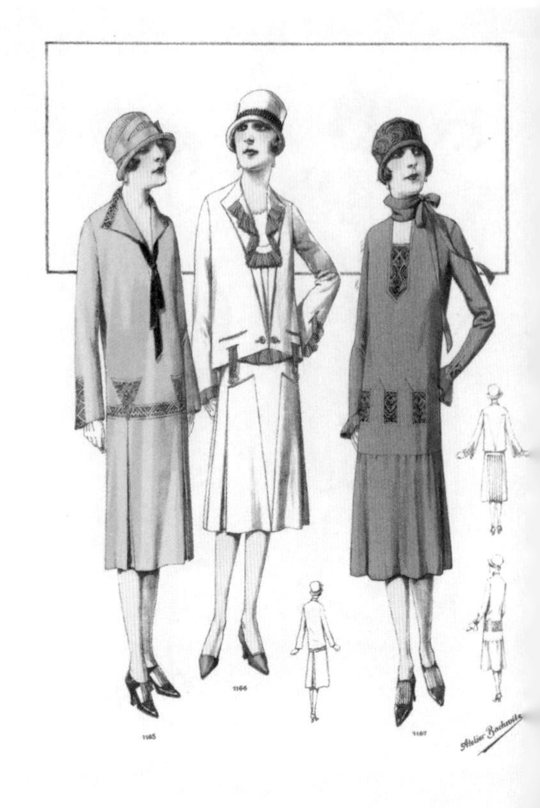

左图

饰有蕾丝花边和袖部褶饰的丝绉
裙；素色花纹真丝套装，上身是
蕾若外套；领部设计有褶饰的真
后小礼裙。均由巴赫罗茨定制工
Grande mode Parisienne，192

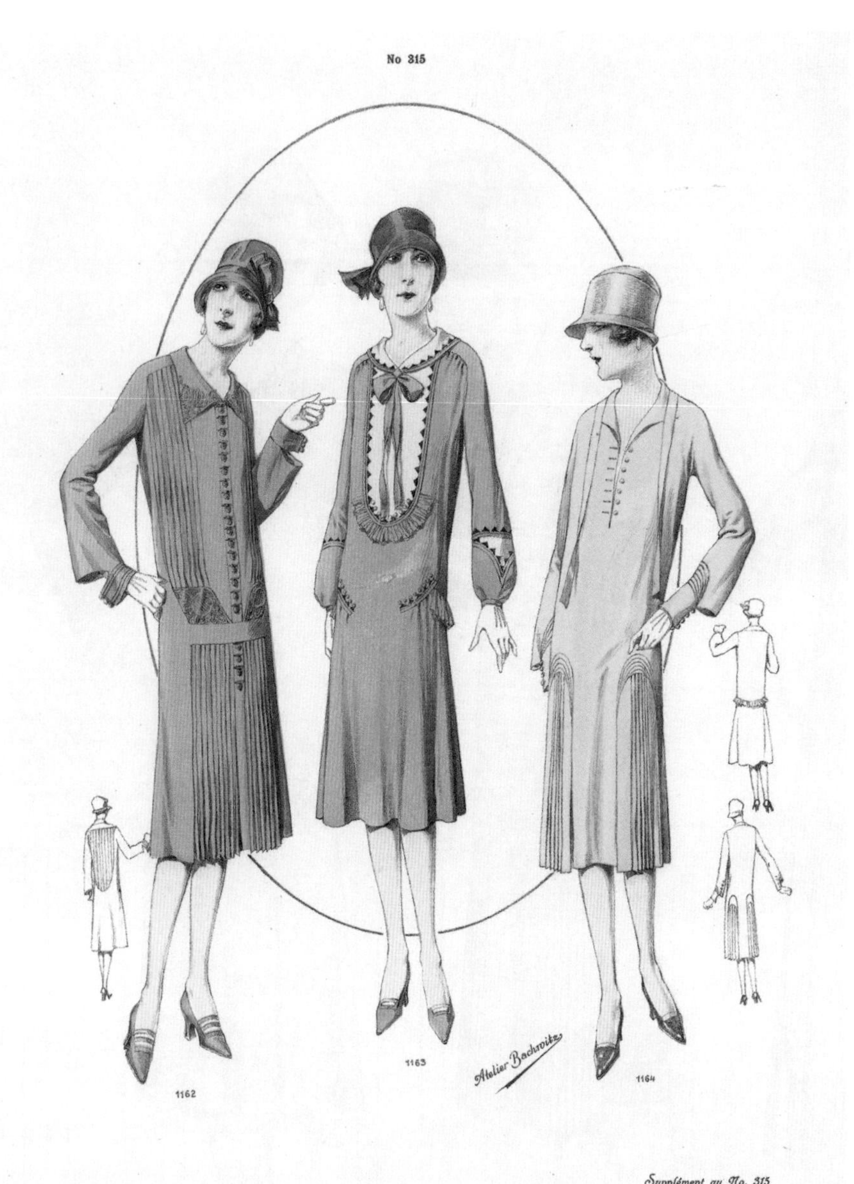

上图

拼接有叠褶饰片的府绸连衣裙，设计有装饰领巾、蓬松袖子和褶饰的真丝修身连衣裙，裙身上拼接有反向叠褶的弧形裙片的真丝修身连衣裙，均由巴赫罗茨定制工坊设计。

Grande mode Parisienne，1926年

下页图

巴赫罗茨定制工坊设计的六款午后小礼裙。

Grande mode Parisienne，1926年

1091
1092
1093

Supplément au No. 315

Modèles Originaux

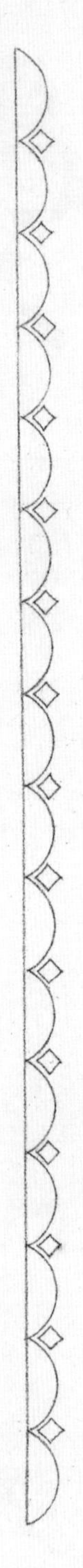

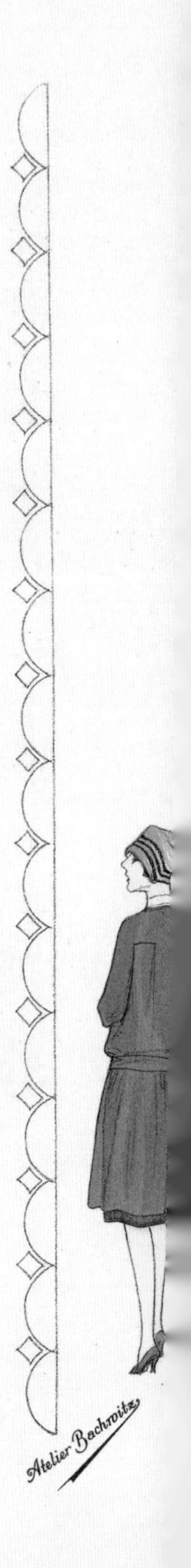

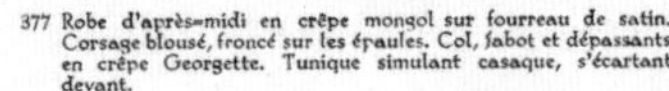

377 Robe d'après-midi en crêpe mongol sur fourreau de satin. Corsage blousé, froncé sur les épaules. Col, jabot et dépassants en crêpe Georgette. Tunique simulant casaque, s'écartant devant.

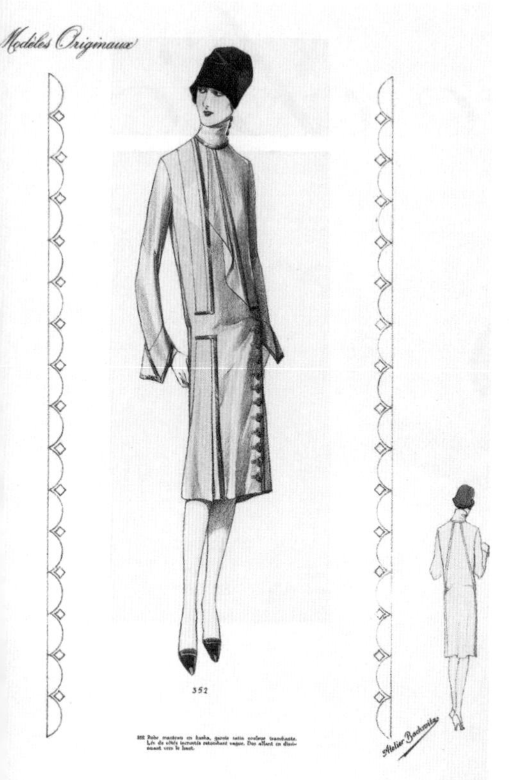

丝毛绉（译者注：Mongolian
crêpe指真丝或人丝绉面料，
ı crêpe可以理解为一种丝和羊
料，为丝毛绉，有毛的保暖性和
连衣裙，丝缎制成的领部荷叶边
赫罗茨定制工坊设计。*Modèles*
约1926年

上方左图、右图

一件浅棕色卡沙细呢外套裙，配有顺色真丝镶边，巴赫罗茨定制工坊设计。*Modèles Originaux*，1926年

设计有方形领口的棕色天鹅绒连衣裙，饰以装饰性缝线和大纽扣，巴赫罗茨定制工坊设计。*Modèles Originaux*，1926年

Mars 1926 REVUE MENSUELLE Le N° France : 7 francs. — Italie : Lire 1

La femme chic à Paris

Alb. Jarach e P. Chambry
Telefono-85-855
La femme chic
DI A. PIERONI
GIORNALI DI MODE - MODELLI
TAGLIATI IN CARTA E MUSSOLA
MANNEQUINS MILANO VIA DANTE, 4

A. LOUCHEL, Éditeur

NUMÉRO SPÉCIAL DES MODES DE PRINTEMPS

左页图、上图

La Femme Chic à Paris
的封面，1926年3月

四款时尚的毛衣。*La Femme Chic*，1926年

右页图

四款长款衬衫。*La Femme Chic*，1926年

上图
四款时尚衬衫。*La Femme Chic*，1926年

左图

“Le Chic du Noir”（时尚黑色）连衣裙，饰有蕾丝荷叶边衣领和袖口，由玛德莱娜·德·海斯（Magdeleine des Hayes）时装屋设计。*La Femme Chic*，1926年

右图

玛德莱娜·德·海斯时装屋设计的几件春季礼服。*La Femme Chic*，1926年

左图
黑色褶饰午后小
Femme Chic，1

上图

爱丽丝·伯纳德设计的褶裥喇叭袖午后小礼裙。*La Femme Chic*，1926年

Modèles Originaux
368
368 Robe en crêpe de Chine et velours façonné. Ceinture et écharpe même tissu. Jupe à larges plis couchés incrustés sur les deux côtés.
Atelier Bachwitz

上图

两侧饰有叠褶裙片的米色提花天鹅绒拼接双绉日装连衣裙，配同色双绉围巾，巴赫罗茨定制工坊设计。*Modèles Originaux*，约1926年

右页图

棕色花纹天鹅绒日装连衣裙，巴赫罗茨定制工坊设计。*Modèles Originaux*，约1926年

Modèles Originaux

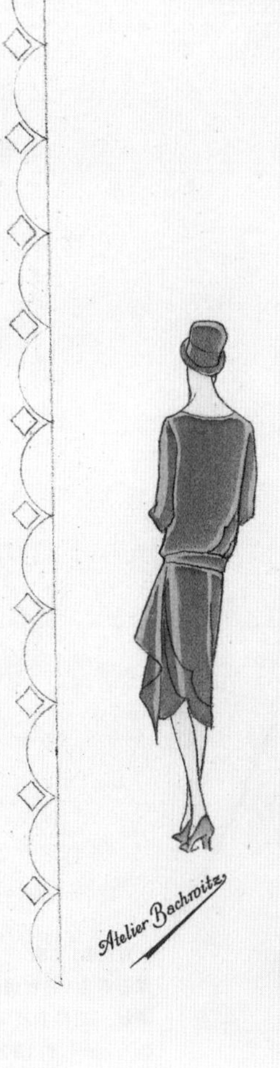

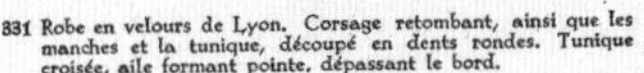

331 Robe en velours de Lyon. Corsage retombant, ainsi que les manches et la tunique, découpé en dents rondes. Tunique croisée, aile formant pointe, dépassant le bord.

上方左图、右图

深蓝绿色V领丝缎午后小礼裙，裙摆呈花瓣状，巴赫罗茨定制工坊设计。*Modèles Originaux*，约1926年

蓝色罗纹绉日装连衣裙，裙摆由斜裁裙片构成，巴赫罗茨定制工坊设计。*Modèles Originaux*，约1926年

上方左图、右图

杜邦尼（Dupony）设计的四款运动衬衫。

La Femme Chic，1926 年

右页图

*La Femme Chic*封面，1926年4月

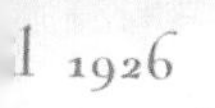

1926 REVUE MENSUELLE Le N° France : 6 francs. — Italie : Lire 9.

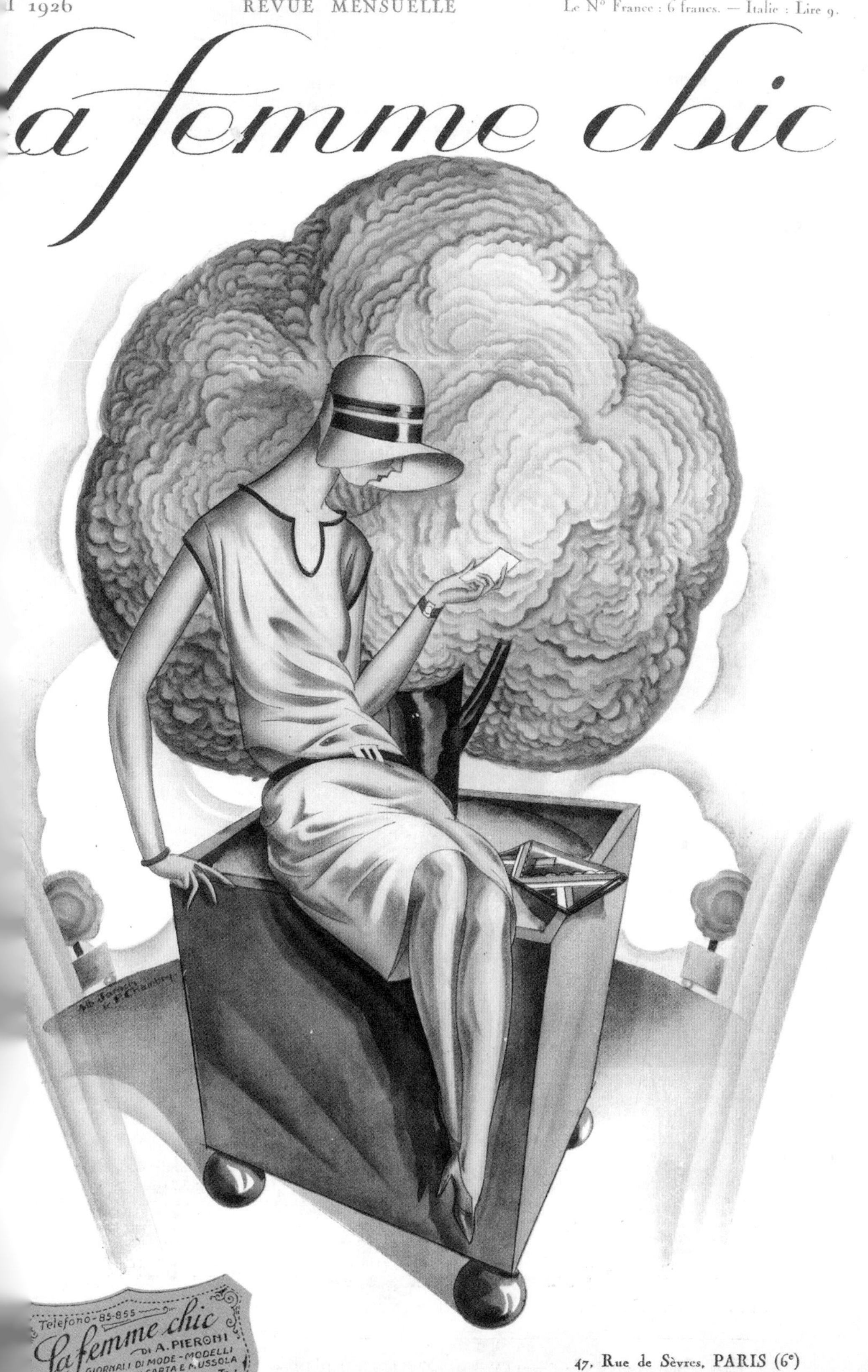

47, Rue de Sèvres, PARIS (6e)

下图、右页图

爱丽丝·伯纳德设计的饰有大扣子和喇叭袖的午后小礼裙。*La Femme Chic*，1926年

简洁款衬衫和丝绒毛衣。*La Femme Chic*，1926年

DES BLOUSES SIMPLES ET UN SWEATER EN VELOURS

右图
“复活节假期”，爱丽丝·伯纳德（Alice Bernard）设计的灰色套装，莉娜·莫顿（Lina Mouton）设计的带有东方图案的红色套装，爱丽丝·伯纳德设计的蓝绿色套装和黑色束腰连衣裙，弗朗西斯（Francis）设计的裙摆呈荷叶边式塔层状的花卉主题图案连衣裙，一件裙身和领口拼缝有蕾丝饰片的粉色连衣裙，还有一件“雪松花”主题印花连衣裙。*La Femme Chic*，1926年

上图

日装连衣裙精选。*La Femme Elégante à Paris*，1926年

上图

日装连衣裙精选。*La Femme Elégante à Paris*, 1926年

上图

齐默尔曼的两款旅行连衣裙。*La Femme Chic*，1926年

上图

伯纳德的旅行连衣裙和齐默尔曼的淡紫色旅行连衣裙。*La Femme Chic*, 1926年

2016
2016
2017
2017
2016 Robe de thé en Crêpe de Chine. Col noué. Plastron plissé et bouffants des manches de crêpe Georgette Motifs perlés. Ceinture de tissu avec boucle émail.
2017 Robe pour le bridge en crêpe satin.]Petit plastron, bandes et godets incrustés du côté brillant du tissu. Ceinture nouée à droite.
Atelier Bachwitz

左页图

保罗·波烈设计的两款乡村游憩服装。*La Femme Chic*，1927年

上图

一件设计有丝巾领的丝绉午后小礼裙，一件衣身和袖子上拼有环状饰带的丝绉连衣裙，均由巴赫罗茨定制工坊设计。*Chic Parisien Beaux-Arts des Modes*，1927年

前页图、上图

五款午后小礼裙。*Fashion for All*，1927 年

三套裙装套装和配套的钟形帽。*Sélection*，约1927年

右页图

两款日装大衣搭配贴合头部

Sélection，约1927年

LE GÉRANT : A. DARROUX
IMP KAPP, PARIS

下图
奶油色水洗真丝沙滩装，设计有百褶裙摆和
上衣拼接镂空蕾丝细节，1927年

2018
2018
2019
2019
2018 Robe d'après-midi en velours chiffon. Echancrure carrée, traversée par une cravate de tissu. Nervures à droite et aux manches. Jupe formée de deux volants en forme. Ceinture avec boucle bijouterie.
2019 Robe de visite en marocain. Bandes de tissu formant dents dans le dos, croisées devant de genre fichu. Bandes de ceinture incrustées. Petits drapés fixés par des boucles acier.
Atelier Bachwitz

上图

一款雪纺丝绒午后小礼服，一款真丝制午后小礼裙，裙侧饰有垂褶和带扣。均由巴赫罗茨定制工坊设计。*Chic Parisien Beaux-Arts des Modes*，1927年

2020 Robe princesse en crêpe satin. Echancrure carrée dans le dos, en cœur devant et terminée par une boucle bijouterie. Lé de côté formant pan et drapé par une boucle pareille. Incrustations disposées en biais du côté brillant du tissu.

2021 Robe de thé en satin. Boléro brodé soie de couleur et métal, petits boutons de métal. Col avec cravate. Volants de jupe divisés à droite. Ceinture écharpe de tissu avec long pan.

Atelier Bac

上图

一件缎背绉修身连衣裙，饰有两枚珠宝带扣；一件设计有丝巾领的丝缎午后小礼服裙，搭配金属丝织波雷诺短上衣。均由巴赫罗茨定制工坊设计。*Chic Parisien Beaux-Arts des Modes*，1927年

2000
2000
2001
2001
2000 Toilette de thé en crêpe de Chine clair. Longue casaque. Broderie anglaise sont cernée de perles. Manches garnies de séries de perles. Poignets et bordure de renard. Fourreau de mousseline bordé de satin foncé.
2001 Toilette d'après-midi en crêpe satin. Haut croisé. Incrustation et volant en forme du côté brillant du tissu. Manches pareilles rapportées en dent. Ceinture de tissu.
Atelier Bachroitz

上图

双绉午后小礼裙，裙身上饰有镂空细孔绣，细孔边缘嵌缝有珠饰镶边，内搭雪纺衬裙，其裙摆拼缝有丝缎镶边，还有一件斜裁拼接丝绉午后小礼裙。均由巴赫罗茨定制工坊设计。*Chic Parisien Beaux-Arts des Modes*，1927年

No 352
8
2004
2005
2005
2004 Robe de thé .en crêpe satin. Corsage croisé avec jabot drapé du côté gauche, fixé par des pierres de verre de couleur. Boucle de ceinture assortie. Bandes incrustées et lés de dos du côté brillant du tissu.
2005 Robe d'après-midi en faille. Revers d'un côté et dépassant de jupe en crêpe mat. Rose de métal à l'épaule gauche. Lé flottant fixé par une boucle de perles.
Atelier Bachroitz

上图

缎背绉午后小礼裙，腰部饰有交叠褶皱并聚拢悬垂至左侧用一枚大的装饰别针固定；罗缎午后小礼裙，用一枚大的珠饰别针将交叠的褶皱和喇叭形底裙固定在腰侧。均由巴赫罗茨定制工坊设计。*Chic Parisien Beaux-Arts des Modes*，1927年

右页

装饰有荷叶边和真丝玫瑰花朵的黑色双绉连衣裙，Premet时装屋设计。*La Femme Chic*，1927年

右页图

一件扇形塔层丝绒午后小礼裙；一件罗缎午后小礼服，上身是侧开衩式短上衣，下身是双层荷叶边裙摆。均由巴赫罗茨定制工坊设计。*Chic Parisien Beaux-Arts des Modes*，1927年

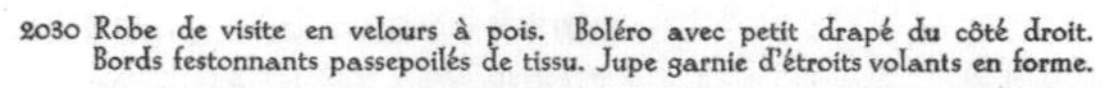

2030 Robe de visite en velours à pois. Boléro avec petit drapé du côté droit. Bords festonnants passepoilés de tissu. Jupe garnie d'étroits volants en forme.

2031 Robe de thé en faille. Boléro ouvert des deux côtés. Echarpe nouée avec long pan flottant. Ceinture de tissu avec boucle perlée. Jupe à deux volants en forme.

PATTERN for the VELVET COAT INSIDE
FASHIONS FOR ALL
6D.
JANUARY
1927
THIS DRESS CAN BE MADE IN ONE HOUR!
Everything for the Festive Season
For 4D.
Coupon Pattern No. 40,218

上图

晚装连衣裙，裙装配礼服款西装外套。*Fashion for All*，1927年

右页图

斜裁拼接缎背绉午后小礼裙，装饰有蕾丝镶边的乔其纱午后小礼裙。由巴赫罗茨定制工坊设计。*Chic Parisien Beaux- Arts des Modes*，1927年

2008 Robe d'après-midi en crêpe satin. Tunique appliquée, formant pans. Bandes et nœud dans le dos du côté brillant du tissu.

2009 Robe de visite en crêpe Georgette garnie de dentelle soie. Nids d'abeilles aux épaules. Empiècement rond, noué dans le dos, avec pan flottant. Ceinture écharpe de tissu.

上方左图、右图

黑色雪纺天鹅绒日装连衣裙，饰有古老的金色刺绣图案，裙身前垂荡着裙摆饰片搭配一条金银丝织围巾。由巴赫罗茨定制工坊设计。*Modèles Originaux*，约1927年

拼接有银色蕾丝和深红色裁片的天鹅绒午后小礼裙，裙身背面和前面都饰有褶皱荷叶边。由巴赫罗茨定制工坊设计。*Modèles Originaux*，1927年

上图
三款饰有花卉和几何图案的衬衫。*La Femme Chic*，1927年

上图、右页图

两套Martial et Armand设计的日装套装和一套保罗·波烈设计的灰色格纹套装。*Le Femme Chic*，1927年

巴赫罗茨定制工坊设计的侧面、背部装饰有荷叶边和拼接细节的日装连衣裙。*Chic Parisien, Beaux-Arts des Modes*，约1928年

下页图

“Spa小镇的浅色连衣裙”，粉色和黑色连衣裙、红色连衣裙、齐默尔曼设计的带有枝条图案的蓝色和淡紫色连衣裙，Premet时装屋设计的藏青色连衣裙和米色连衣裙；“野花花束”印花面料连衣裙；由齐默尔曼设计的应用“Djersa Kasha”（译者注：1920年代的一款精纺针织面料）制作的“运动装”。*Le Femme Chic*，1927年

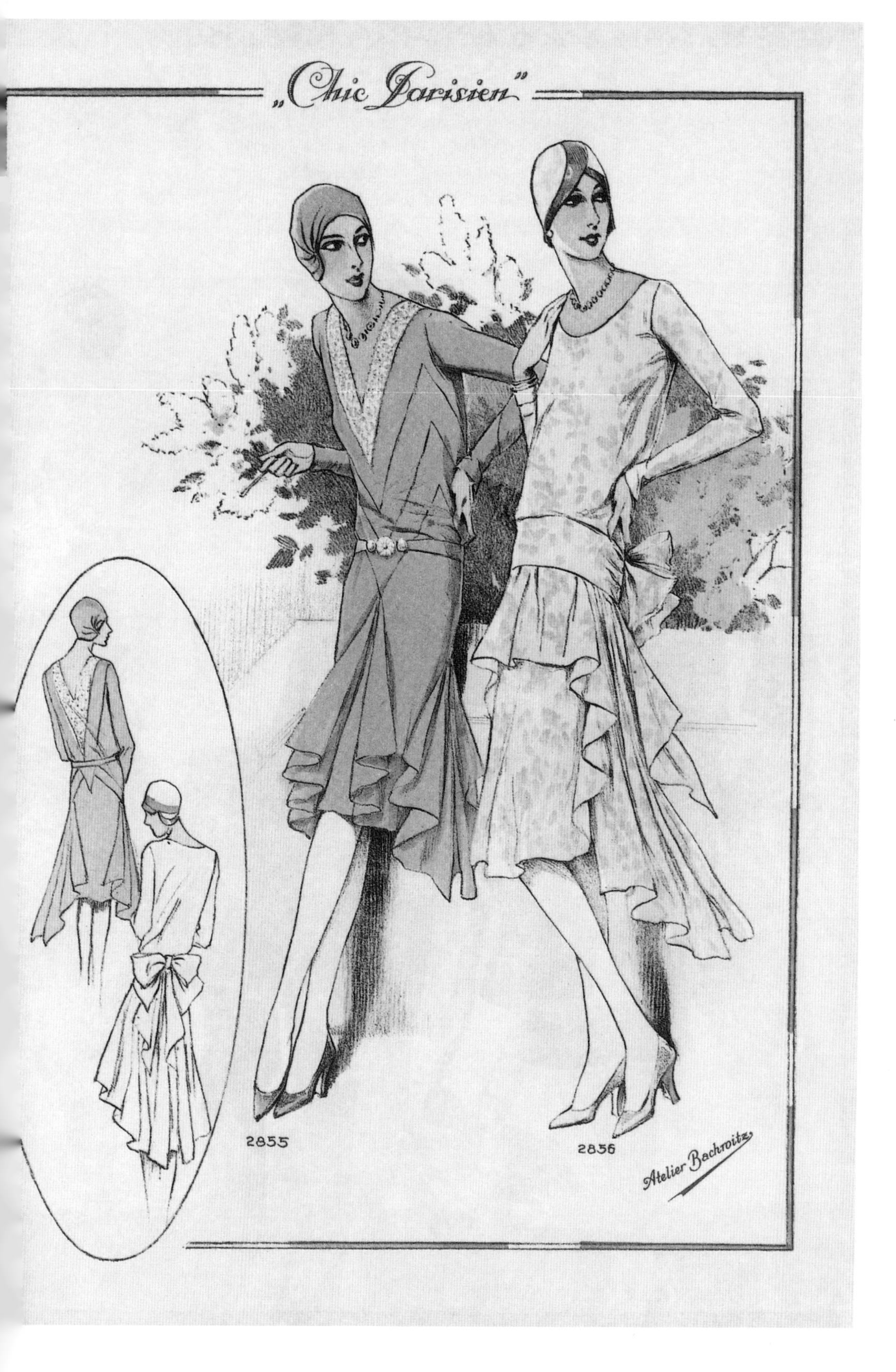
„Chic Parisien"
2855
2856
Atelier Bachroitz

日装

左页图、上图

女演员凯瑟琳·克劳福德身穿蓝白格子塔夫绸拼藏青色乔其绉套装，上身是紧身式剪裁，裙摆饰有风琴褶，1928年

女演员多萝西·格利佛身穿一件饰有蕾丝的白色真丝细绸午后小礼裙，一条玫瑰色丝带系在腰侧，悬垂至地面，1928年

右图
香奈儿小姐在法国比亚里茨，1928年

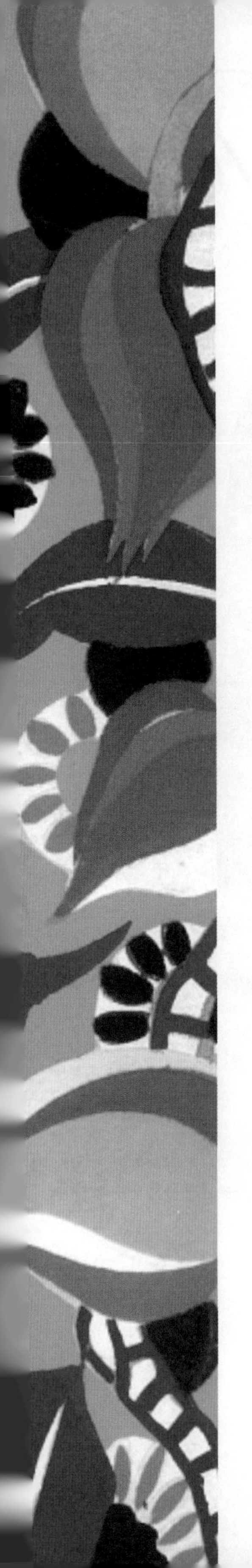

户外装

上图

道维莱特定制的两套西装。*L'Illustration des Modes*，1920年

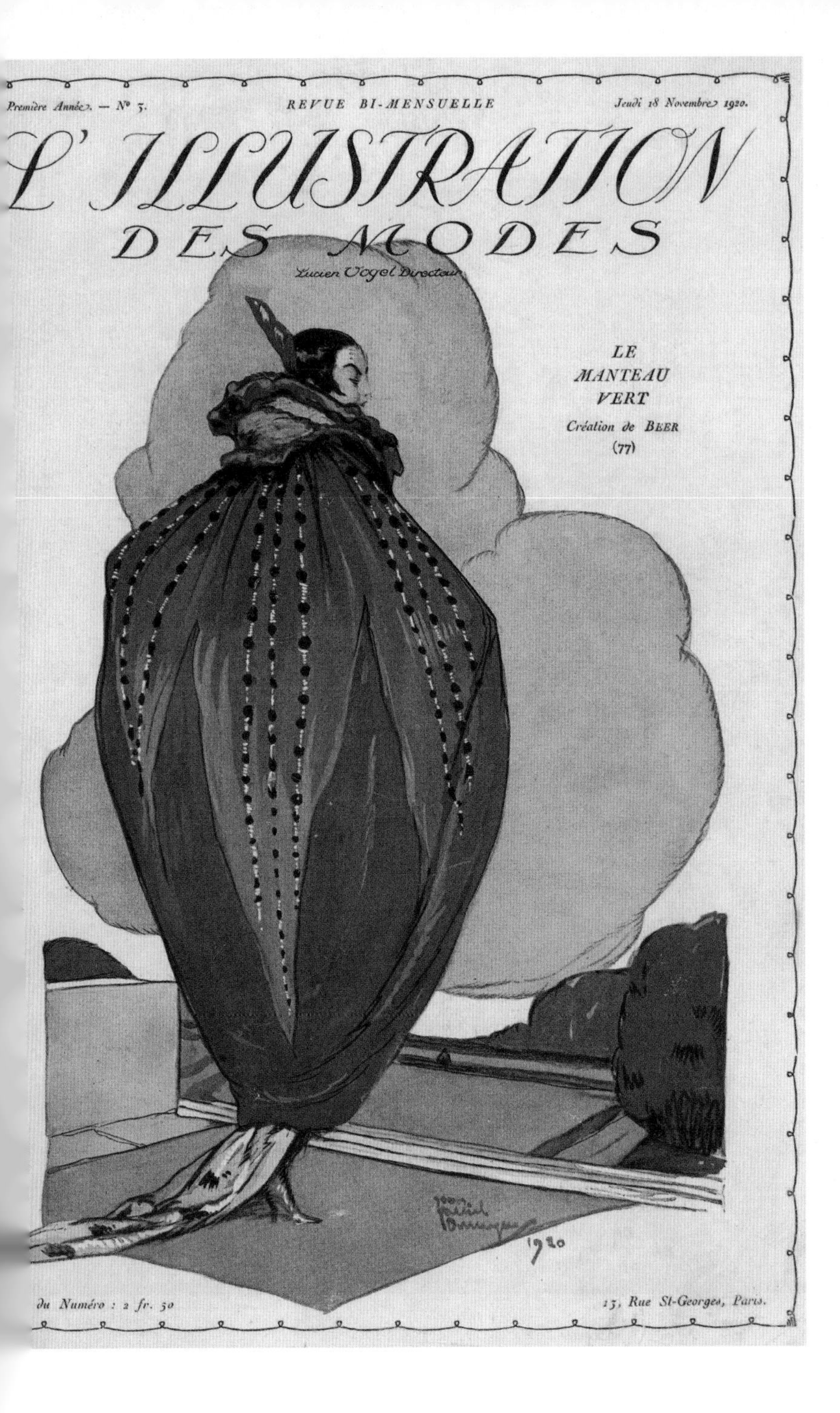

的绿色晚装大衣。*L'Illustration*
，1920年

上图

“Au Polo”——帕康夫人（Paquin）设计的灰色羊毛外套，沃斯设计的棕色套装，珍妮设计的红色和蓝色裙装套装，比尔设计的米色和棕色定制套装，浪凡设计的黑色套装搭配绿色背心，波烈设计的棕色夹克和饰有摩洛哥风格图案的裙子。*L'Illustration des Modes*，1920年

户外装

« Sommes-nous les dernières ? »

En voyant cet ensemble de Redfern, la reine Marie de Roumanie s'est écriée : « Monsieur Redfern, voilà la plus belle robe de votre collection. La ligne en est souple et gracieuse, et l'idée de mélan- de deux tons qui peut être portée aussi bien d' côté que de l'autre ? Les coutures sont soulign par une grosse ganse de chenille, terminée par pompons assortis. Le devant et le dos de la ro

左页图、上图

“我们是最后一个吗？”——两款由雷德芬设计的丝绒搭配雪尼尔腰带的套装。*L'Illustration des Modes*，1920年

“ 呼叫城市大道 ”，比尔设计的晚装礼服大衣。皮埃尔·布里索绘制。*Gazette du Bon Ton*，1920年

12 LES DERN

1. MANTEAU en drap, droit et ample dans le bas, dont un des côtés croise sur l'autre. Des bandes de plis plats sont rapportées au col, aux manches et sur deux rangs, ainsi que sur les hanches où elles s'évasent en poches.

Métrage: 4 mètres en 1 m. 40.

2. TAILLEUR fantaisie en serge. Petite veste à panneaux froncés sur les hanches. Col droit et emmanchures basses. Etroite ceinture de daim à la taille et jolie broderie en raphia. La jupe est tout unie dans le haut, mais brodée dans le bas.

Métrage: 3 m. 50 en 1 m. 20.

3. ÉLÉGANTE ROBE de taffetas, dont l'ample jupe froncée autour des hanches se pose sur un fond plus étroit. Corsage plat, légèrement drapé, avec ou sans nœud dans le dos ; il est brodé, ainsi que la jupe, d'arabesques au point de chaînette.

Métrage: 5 mètres en 0 m. 70.

4. ROBE de foulard uni et foulard imprimé. La partie unie forme le dos du costume qui boutonne dans le dos. Le devant, ainsi que le bas des manches, sont à grands dessins.

Métrage: 5 mètres en 0 m. 80.

Prix de chaque patron, 42, 44, 46, franco : 3 fr. 50.

13

5. ROBE en voile de coton. Encolure bateau entourée d'un fin plissé en pareil. Fronces à la taille, entre deux petits biais. Poches froncées également et s'élargissant d'un plissé, qui orne aussi les deux côtés de la jupe.

Métrage : 4 m. 50 en 0 m. 60.

6. TAILLEUR en popeline de laine. Jaquette à panneau dans le dos, droite devant, serrée à la taille par une ceinture en pareil. Large col châle et, sur les hanches, deux pointes rapportées et plissées. Jupe droite.

Métrage : 4 m. 50 en 1 m. 20.

7. JAQUETTE en drap uni, cintrée à la taille, boutonnée par un seul bouton au bas des revers et dont la basque, ainsi que le bas des manches, s'ornent du tissu fileté qui forme la jupe. Celle-ci est froncée à la taille. Jabot en linon plissé.

Métrage : 2 m. 50 en drap uni en 1 m. 20 ; 1 m. 80 lainage rayé en 1 m. 20.

8. ROBE en cachemire. Corsage plat à collerette de linon plissé. La jupe forme un tablier qui se pose sur un fond plissé. Ceinture en peau incrustée et macarons en perles de bois.

Métrage : 2 m. 50 en 1 m. 20.

Prix de chaque patron, 42, 44, 46, franco : 3 fr. 50.

上图

各种款式的外套、连衣裙和裙装。*Les Dernières Modes de Paris*, 1920年

上图

“红鼻尖”（我的鼻尖是红色的，或者是很容易修复的不幸），沃斯设计的冬季套装。安德烈·爱德华·马蒂绘制。*Gazette du Bon Ton*，1920年

右页图

三款饰有腰带的漫步裙。*Les Dernières Modes de Paris*，1920年

ROBE en fine serge. Le blouson du corsage la jupe sont brodés de pastilles au point de ainette d'un ton différent. Col et gilet blancs. s côtés de la jupe froncés et drapés s'évasent légèrement.

Métrage: 3 mètres serge en 1 m. 30; 0 m. 40 tissu blanc pour le gilet.

2. ROBE simple s'ouvrant sur un gilet plat. Les côtés du corsage so t agrémentés de boutonnières. Un grand col-pèlerine recouvre entièrement les épaules. Large ceinture drapée, retournée en écharpe et frangée au bord. Les panneaux de la jupe sont brodés et laissent voir des crevés de drap gris clair sur les côtés.

Métrage: 3 m. 50 tissu en 1 m. 30; 0 m. 40 tissu clair pour le gilet et les crevés.

3. ROBE en voile et serge. Le corsage en serge descend un peu au-dessous de la taille et supporte la tunique plissée en voile assorti. Biais de voile autour des panneaux du corsage, du col et des poignets. Ceinture de velours serrant à peine la taille.

Métrage: 3 mètres serge en 1 m. 30; 3 mètres voile en 1 m. 10.

1. MANTEAU en djersabure droit devant. Le col, tré évasé, est entièrement brodé ; la même garniture agrémente le bas des manches et les côtés de la ceinture. Basque rapportée et froncée autour de la taille.

Métrage : 3 m. 50 tissu en 1 m. 30.

2. ROBE en faille gauloise. Le corsage croisé se noue de côté et s'ouvre sur un gilet matelassé, ainsi que le bas de la tunique. La manche est gracieusement découpée au coude et serrée autour du poignet.

Métrage : 4 mètres tissu en 1 m. 30.

3. COSTUME fanta'sie en diaffine. La veste dro te s'ouvre sur un g let à carreaux posé en bia s, ainsi que le col, les parements et les poches. Jupe composée de deux panneaux détachés laissant voir une quille de tissu écossais ourlé de tissu uni.

Métrage : 3 m tres tissu uni ; 1 m. 35 tissu écossais.

上图

三款漫步套装。*Les Dernières Modes de Paris*，1920年

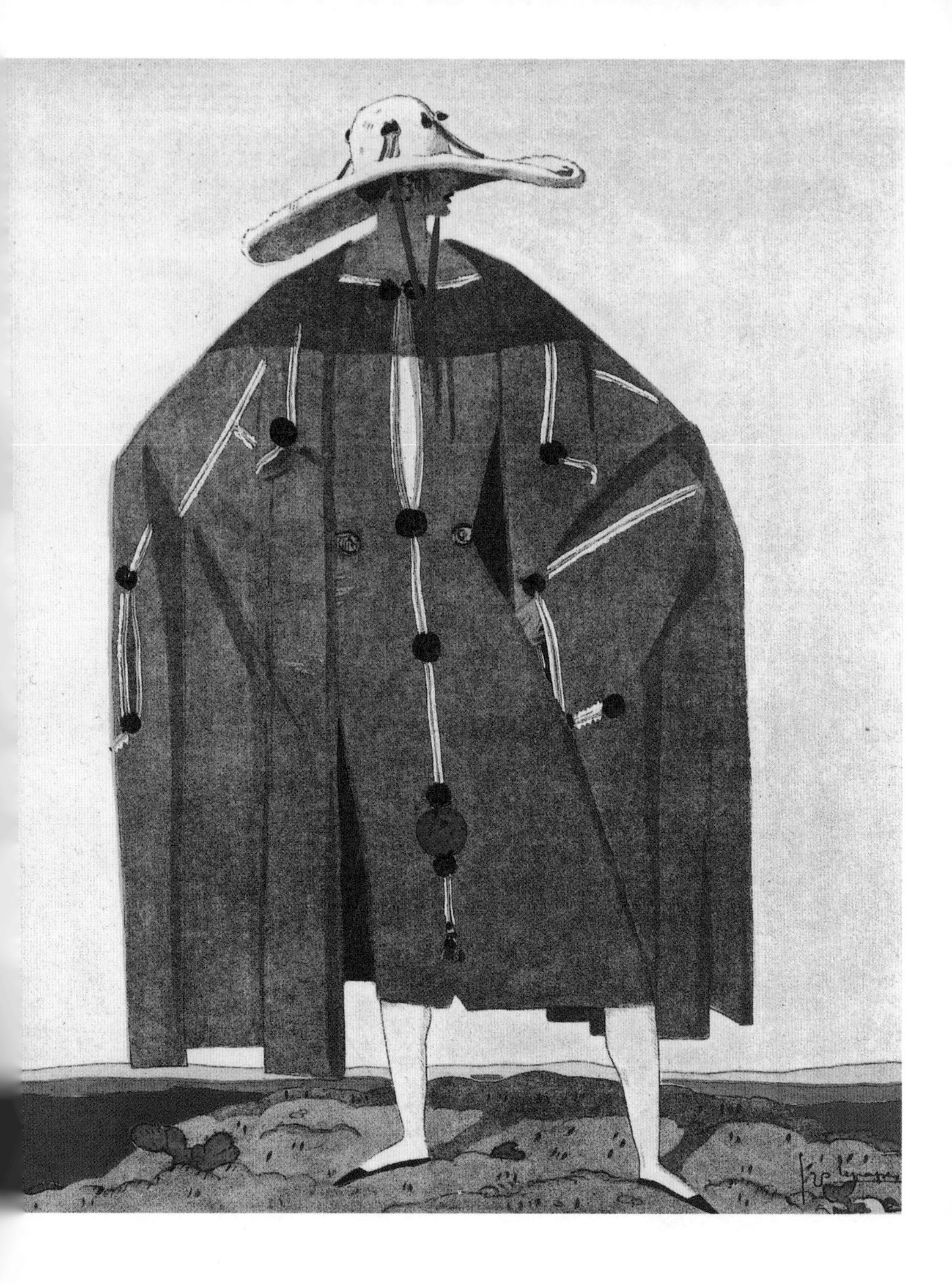

上图

“丹吉尔”(流亡的魅力)，保罗·波烈设计的午后小礼裙和斗篷，插图：乔治·勒帕普。*Gazette du Bon Ton*，1920年

左页图、上图

"Gros temps"（暴风雨天气），游艇装备，
Gazette du Bon Ton，1920年

女人穿着装饰有白色毛皮的红色斗篷大衣。
红色的靴子有雪鞋保护。*La Mode*，1920年

左图

切鲁伊特设计的灰色皮草镶边斗篷，沃斯设计的棕色大衣后背有V形拼接细节，浪凡设计的黑色系扣斗篷。插画：皮埃尔·布里索。*L'Illustration des Modes*，1920年

下图
“A las Baleares”（去巴利阿里群岛），
比尔设计的裙装套装，插图：贝尼托。
Gazette du Bon Ton，1921年

A LAS
BALEARES
BENITO
COSTUME TAILLEUR, DE BEER
N° 6 de la Gazette du Bon Ton. Année 1921. — Planc

下图
四款春季大衣。*La Nouveauté Française*，1921年

右页图

灰色和黑色拼接真丝连衣裙；装饰有羊毛皮镶边的蓝色大衣套装，搭配帽子和围巾。

Journal des Demoiselles, 1921年

Journal
es Demoiselles
1er Novembre 1921
des « Élégances Parisiennes »
A. Thiéry, Directeur
79, Boulev. Saint-Germain, PARIS

Bleuet
PARIS
364

左页图、上图

1923年的一张法国明信片，上面的模特穿着象形图案外套。1922年，霍华德·卡特发现图坦卡蒙陵墓后，埃及图案在时尚界大受欢迎

保罗·克拉（Paul Carat）设计的两款斗篷和连衣裙。*The Delineator*，1922年

右页图

明信片上的模特穿着棕色西装和印花衬衫，
戴着一顶配套的钟形帽，1922年

右图

四款奢华的皮草或毛皮镶边大衣，约1922年

上图、右页图

四款毛皮镶边大衣。*Le Chic et la Mode*，约1923年

四款宽领午后礼服大衣。*Le Chic et la Mode*，1923年

EAUX D'APRES MIDI
1074
1075
1076
1077
fevr. 23
Le Chic et la Mode
PARIS - 18, Avenue de l'Opéra, 18 - PARIS
Nº 15 - Pl. 58

左页图、上图

三款优雅的裙装套装。*La Femme Chic*，约1923年

鼠灰色棉麻大衣和黑色丝缎裙套装，以及另外两套定制裙装套装。*La Femme Chic*，约1923年

下图

三款外套和夹克套装。*La Femme Chic*，约1923年。所有的外套都饰有毛皮镶边，显示出受俄罗斯风格的影响

右页图

直裁白色丝绉连衣裙外搭一件黑色
外套，约1923年。黑色的丝缎外套
色的丝缎，下摆呈圆形，帽子上装饰
的垂顺的羽毛

La Femme Chic
SUPPLÉMENT
N° 131. Pl. 151.
TROIS TAILLEURS PRIS AUX COURSES
III. Costume en "

户外装

La Femme Chic

SUPPLÉMENT

Nº 118. Pl. 961.

Tailleurs d'hive

I. Création de P

图
La Femme Chic，约

缎和黑色蕾丝制成
风。*Dernières Cre-*
1923年

下方左图、右图

日装大衣精选。巴黎春天百货目录，1924年

针织套装精选。巴黎春天百货目录，1924年

下方左图、右图

日装大衣精选。巴黎春天百货目录，1924年

裙装套装精选。巴黎春天百货目录，1924年

22

Manteaux

Au Printemps paris

Ne pas oublier de nous indiquer sur votre c
mande, la taille et la teinte du vêtement ch

20126. **PALETOT**, en belle moire anglaise noire se fermant sur le côté, forme très seyante. Long. 0m,70. **35** fr.

20127. **Le même** en beau satin soie noir.. **75** fr.

77059. **JUPE-TAILLEUR** en serge pure laine, marine et noir......... **28** fr.

83594. **MARQUIS** en liséré garni ruban plissé, tout noir ou nègre... **19.90**

20128. **MANTEAU** satin nouveau noir, orné d'une riche broderie noire, se fermant sur le côté, au moyen de 2 pans. Long. 1m,30 **145** fr

62712. **CHAPEAU tricorne**, le bord en laize de paille et la calotte en plume assortie. Noir, nègre, mordoré ou gris. *Le chapeau*.. **35** fr.

20129. **MANTEAU** de crêpe marocain soie noire très belle qualité, collet parements dernière nouveauté. Long. 1m,30 **195** fr.

20130. **Le même** en beau satin noir....... **115** fr.

83595. **Petite CLOCHE** en laize, garnie de ruban fantaisie, rouge, marine, nègre, mordoré ou noir **33** f.

20131. **Petit PALETOT** en satin cloqué noir, forme nouvelle, entièrement doublé Long. 0m,75. *Prix*......... **140** fr.

77060. **JUPE PLISSÉE** en beau marocain laine et soie noire et nègre........ **130** fr.

83596. **Jolie CLOCHE** en crêpe de Chine, garnie d'une cocarde en ruban mordore, marron ou noir. *Prix*............. **52** fr.

20132. **MANTEAU** en très beau satin nouveau soie noire, entièrement garni riche broderie noire, se fermant sur le côté. Long. 1m.30. **225** fr.

20133. **Le même**, en crêpe marocain, soie noire. *Prix*. **23**

62709. **Petite CLOCHE** bord en de paille relevé derrière, la calot plume assortie, garnie cocarde p gouachée, noir et blanc, marine et b mordoré et blanc, nègre et blanc ou tout noir. *Le chapeau* **3**

N'OUBLIEZ PAS DE NOUS INDIQUER : LA TAILLE

上图

晚装大衣和夹克的精选。巴黎春天百货目录，1924 年

23
Manteaux
e pas oublier sur votre
mmande de nous indiquer
taille et la teinte du
vêtement choisi.
Au Printemps
paris
20134. Elégant MANTEAU 3/4, dernière nouveauté, en beau crêpe marocain noir, garni de petits volants superposés, entièrement doublé crêpe de Chine. Longueur 1m,05. Prix.. 395 fr
20136. ROBE-MANTEAU en crêpe marocain noir, brodé amadou, argent ou noir, ou marocain nègre, brodé camaïeu, col et parements garnis bouillonnés, entièrement doublé crêpe de Chine. Longueur 1m,25.... 595 fr.
20138. MANTEAU-ROBE en crêpe marocain soie noire ou nègre, devants col et parements garnis volants superposés, entièrement doublé crêpe de Chine. Long. 1m,25. 435 fr.
20140. MANTEAU-ROBE, dernier genre, en beau crêpe marocain et satin soie noire, bandes interposées, entièrement doublé soie. Longueur 1m,30. 395 fr.
20141. Joli MANTEAU d'après-midi, en belle soie façonnée, noire ou nègre, col et parements garnis de bouillonnés nouveaux, entièrement doublé crêpe de Chine. Long. 1m,25. Prix........ 425 fr.
. Le même, en beau soie noire. .... 425 fr.
20137. Le même, en beau satin noir, brodé amadou, argent ou noir.................. 600 fr.
20139. Le même, en beau crêpe marocain de laine, gris nouveau, tabac ou noir, 1/2 doublé soie. 275 fr.
20142. Le même, en crêpe marocain ou satin noir. 395 fr.
ta. — Ces vêtements étant faits sur taille régulière de mannequins, nous prions nos clientes de bien vouloir nous indiquer la taille qu'elles désirent en se
rmant au tableau ci-contre :
a 67 de taille et 90 de poitrine.
Le 42 a 69 de taille et 95 de poitrine.
Le 44 a 73 — 100 —
Le 46 a 76 de taille et 105 de poitrine.
Le 48 a 80 — 108 —
Le 50 a 83 de taille et 112 de poitrine.
Le 52 a 86 — 115 —

上图

晚装大衣的精选。巴黎春天百货目录，1924年

上图

三款春季套装。风景优美的花园使这些服装增添了高级和高雅的气息。*La Femme Chic*，约1924年

右页图

三款外套和一件斗篷，由巴赫罗茨定制工坊设计，约1924 年

abardine. Dos tombant. Bandes
s deux côtés. Col et parements

at. Bloused back. Bands are
n sides. Fur collar.

135 Cape en chevron Bande garnie de boutons du côté droit. Poches appliquées Col de castor.

135 Cape of chevron striped material. Button-trimmed band on the right. Patch pockets, beaver collar.

136 Manteau pèlerine en kashaduvetine. Côtés plissés et poches appliquées. Col et parements de renard.

136 Cape coat of kasha duvetine Pleated panels and pockets on both sides. Fox collar.

137 Manteau en lainage quadrillé. Col et poignets garnis de bandes de peau et d'astrakan.

137 Checked woollen coat. Skin straps and banding of Persian lamp.

前页图

巴黎高级定制沙龙的时装展示照片，约1924年

下图，右页图

饰有装饰缝线和毛皮镶边的紫色上衣。

Album Tailleur de Luxe，约1925年

两名模特穿着毛皮大衣，左边是小羊皮，右边是染色兔皮，约1924年

右图

四款由葛达时装屋设计的都市外套。葛达时装屋目录，约1925年

70
ALBUM TAILLEUR
DE LUXE

左页图

秋季套装，棕色系双色大衣，裙子和夹克搭配格纹围巾。*Album Tailleur de Luxe*，约1925年

下图

三款冬日套装，被称为“舒适模式”。*La Femme Chic*，约1925年

右页图

好莱坞女演员梅·布什身穿一套明亮的蓝色卡沙细呢和同色系的双绉制成的套装。外套饰有银狐毛皮镶边，裙摆呈不对称设计。帽子是肉色马毛做的，饰以珍珠装饰和蓝丝带。这张宣传照片预示梅小姐将穿着这套服装出现在她即将上映的米高梅电影《时间，喜剧演员》中。这款套装出自埃尔特（Erté）的设计，1925年

APGP-6484

上图、右页图

秋季套装，净色“美国大尾羔羊”毛皮套装，搭配适配的帽子和手提包，约1925年

灰色和黑色的冬季连衣裙套装，装饰精致的红色和银色刺绣，黑色披风外套饰有刺绣和灰色皮毛镶边。*Album Tailleur de Luxe*，约1925年

ALBUM TAILLEUR
DE LUXE

上图

一款饰有毛皮镶边的黑色丝绒冬季大衣，无扣门襟的设计需穿着者自行拉拢固定，约1925年

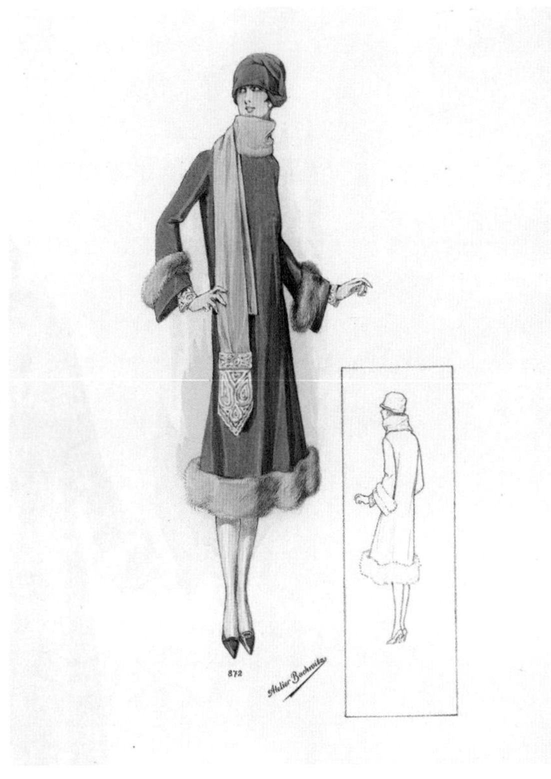

上方左图、右图

胸前扇形开襟长袍便服，搭配白色皮草领和袖口，由巴赫罗茨定制工坊设计。*Chic Parisien Beaux-Arts des Modes*，1925年

巴赫罗茨定制工坊设计的窄袖款，宽袖口天鹅绒外出连衣裙——围巾和袖口都饰以羊毛刺绣。*Chic Parisien Beaux-Arts des Modes*，1925年

上图

一款卡沙细呢配真丝绉套装，腰带饰有金属刺绣图案，长款大衣领口和袖口装饰有毛皮；一款羊毛格纹配丝绉套装，搭配羊毛丝绒大衣，领口、袖口和下摆都饰有毛皮。均由巴赫罗茨定制工坊设计。*Chic Parisien Beaux- Arts des Modes*，1925年

上图

玛丽特·波尼奥（Mariette Pognot）和威利姐妹（Welly Soeurs）设计的三款漫步套装。*Paris Élégante*，约1925年

一件日常服装，搭配等长百褶裙和围巾，腰部拼接设计；暗橙色大衣搭配毛皮装饰的领子和袖口。均由玛丽特·波尼奥设计。*Paris Élégante*，约1925年

上图

一款日装连衣裙，裙身饰有细褶，裙摆嵌有饰带贴边，设计有丝巾领和腰部装饰拼贴细节；暗橙色大衣装饰有毛皮领子和袖口。均由玛丽特·波尼奥设计。*Paris Elégante*，约1925年

上方左图、右图

饰有毛皮镶边的紫色罗纹天鹅绒大衣。*Album Tailleur de Luxe*，约1925年

饰有毛皮镶边的紫色花纹天鹅绒大衣。*Album Tailleur de Luxe*，约1925年

上方左图、右图

单排扣深棕色秋季大衣，配毛皮围巾。*Album Tailleur de Luxe*，约1925年

深灰色冬季大衣点缀装饰线迹，饰以黑色猴毛皮。*Album Tailleur de Luxe*，约1925年

右页图

装饰鼹鼠毛皮的深绿色大衣，

有叠褶饰片。*Album Tailleur*

约1925年

ALBUM TAILLEUR
DE LUXE

MANTEAUX POUR DAMES

22.110. 22.108. 22.107. 22.103. 22.111. 22.106. 22.104.

22.110.
Joli MANTEAU
crêpe soie noir ou nègre, garni riche broderie assortie, entièrement doublé soie.
Longueur 1m20.
385.»

22.106. **CAPE**
satin noir ou nègre, garnie belle broderie, doublée crêpe de Chine.
Longueur 1m15.
425.»
La même, sans broderie.
325.»

22.108.
MANTEAU
rayures nouveauté, ottoman et satin noir travaillées en bandes, col garni singe, entièrement doublé soie.
Longueur 1m20.
425.»

22.111.
Élégant MANTEAU
crêpe satin noir belle qualité, garni broderie or ou noir, entièrement doublé soie.
Longueur 1m20.
475.»

22.107.
PALETOT
entièrement brodé, dessin nouveau. Se fait en marine et argent, rouille et vert, marron et beige, noir et gris et tout noir.
Longueur 0m80.
159.»

22.104. **MANTEAU**
côtelé noir, nouveauté, entièrement doublé soie. Longueur 1m20.
295.»
En ottoman scintillant noir, qualité extra.
395.»

22.103.
MANTE[illegible]
satin noir, garni nouveauté noir, et or. Longue[illegible]
195.»
Le même [illegible] fulgurant, trè[illegible] qualité.
250.»

左页图、上图

日装、晚装大衣及斗篷精选。卢浮宫百货商品目录，1925年

爱丽丝·伯纳德设计的裹身裙，弗朗西斯（Francis）设计的“Pékins Buranic”面料制作的条纹夏日套装和珊瑚色夏日套装。*La Femme Chic*，1926年

上方左图、右图

两款日装套装，一款饰有毛皮镶边的卡沙细呢套装。*La Femme Chic*，1926年

弗朗西斯设计的丝绉套装和配套的帽子，爱丽丝·伯纳德的两套短裙套装。*La Femme Chic*，1926年

上图

伯纳德设计的两款夏季套装和格纹卡沙细呢套装。*La Femme Chic*，1926年

上图、右页图

“Diafil Crauté”人造丝面料制作的驾驶套装。*La Femme Chic*, 1926 年

各种款式的半裙设计。*La Femme Elégante à Paris*, 1926年

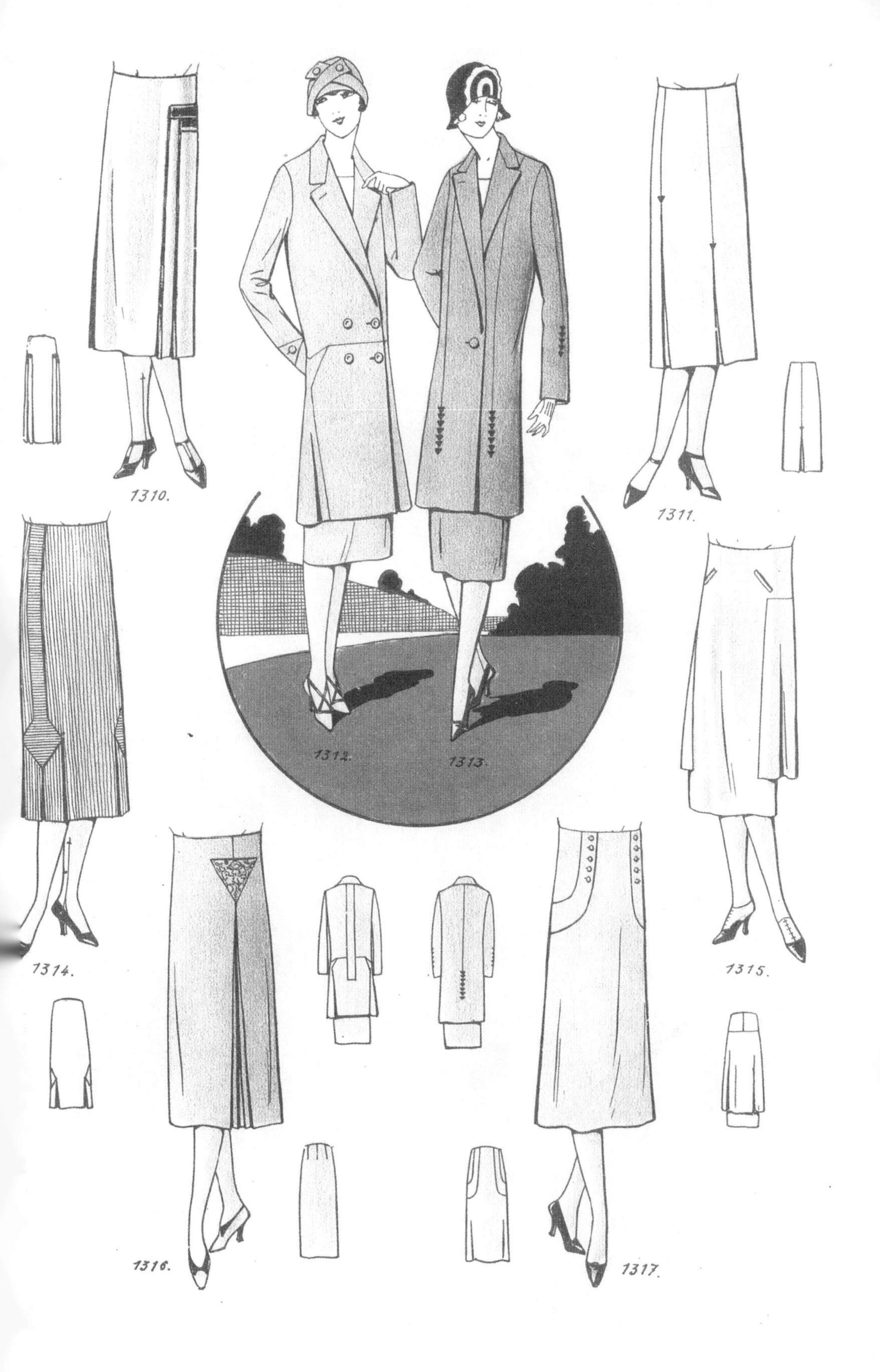
1310.
1311.
1314.
1312.
1313.
1315.
1316.
1317.

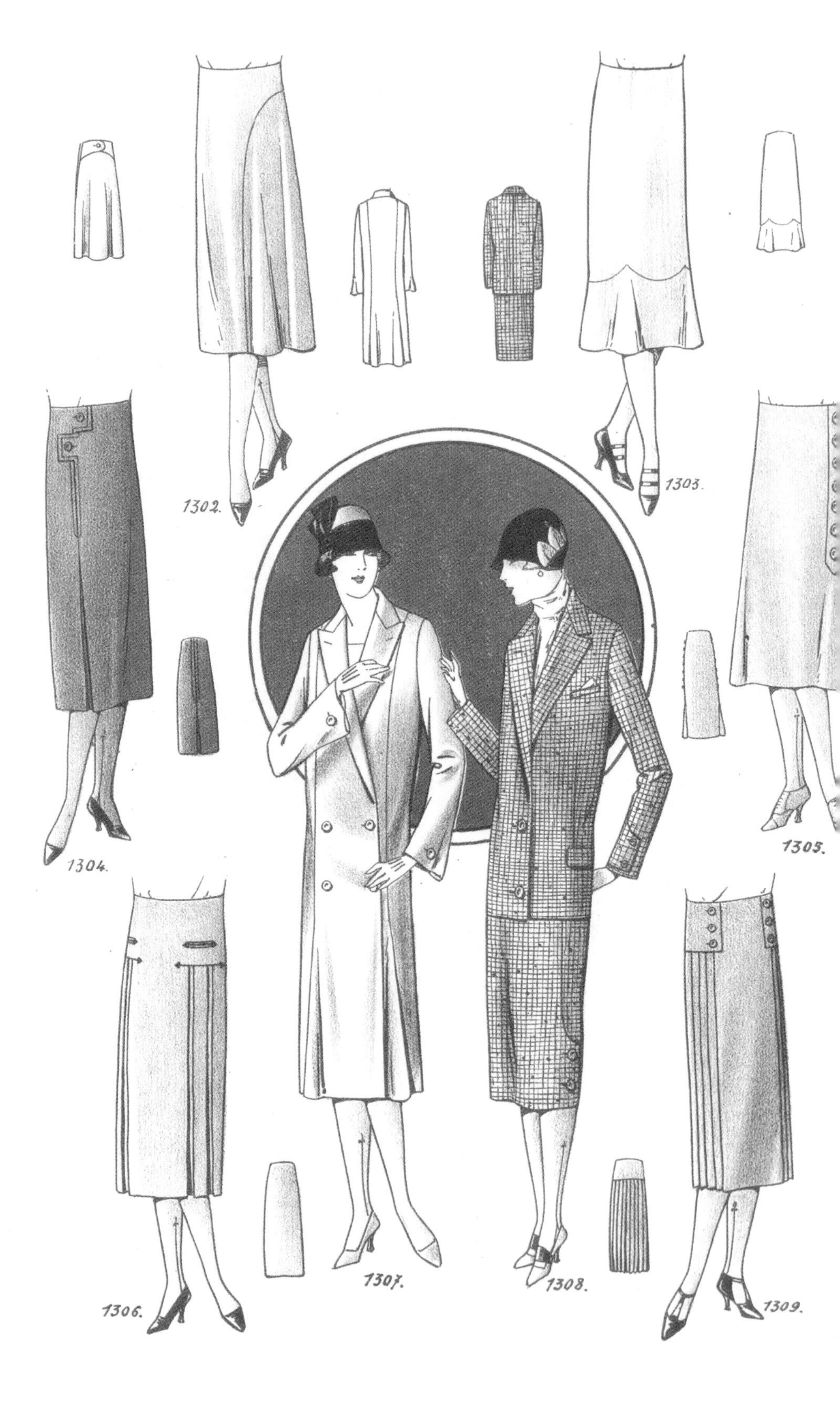
1302.
1303.
1304.
1305.
1306.
1307.
1308.
1309.

上图、左页图

两款裙装套装的设计。*La Femme Elégante à Paris*，1926年

各种款式的半裙设计。*La Femme Elégante à Paris*，1926年

上图
两款裙装套装的设计。右边的模特穿着系有领结的礼服款西装套装。*La Femme Elégante à Paris*，1926年

上图

外套和裙装套装的设计。*La Femme Elégante à Paris*, 1926年

上图、右页图

外套和裙装套装的设计。*La Femme Elégante à Paris*，1926年

两款裙装套装的设计。*La Femme Elégante à Paris*，1926年

1270 1271

1262 1263

步套装和一套装饰菱形纽扣的
装。*La Femme Elégante à Par-*

右图
间的大衣。*La Femme Elégante*
26年

驾驶款大衣和裙装套装。*La Femme Elégante à Paris*，1926年

1274 1275

左页图、下图

两款漫步套装。*La Femme Elégante à Paris*, 1926年

各种款式的夏季外套和裙装套装设计。*La Femme Elégante à Paris*, 1926年

下图

各种款式的夏季外套和裙装套装设计。*La Femme Elégante à Paris*, 1926年

右页图

粉色Kashalyne（20年代面料名称）春季大衣和的蓝色Kashafyl（20年代面料名称）连衣裙饰以粉色扇形收褶。均由巴赫罗茨定制工坊设计。*Grande Mode Parisienne*, 1926年

LICATION MENSUELLE
N° 315
27ème Année
Grande Mode Parisienne
Atelier Bachwitz
ÉDITÉ EN AUTRICHE
London
28, South Molton Street.
Paris
64, Rue des Petits-Champs, 64.
Wien
III. Löwengasse 47.

户外装

右页图

两款羊毛绉漫步套装。*La Femme Elégante à Paris*，1926年

1268 1269

Modèles Originaux
43
363
363 Ensemble élégant. Jaquette de velours foncé, remontant devant. Un pli crevé au milieu du dos. Fourrure claire. Robe en drap satin. Corsage drapé par un motif brodé au cordonnet. Boutons boules. Jupe rapportée avec pli crevé devant.
Atelier Bachwitz

左页图、上图

一名模特在英国工业博览会上展示过膝护腿，约1926年

红棕色丝缎连衣裙，搭配天鹅绒外套，饰以浅色毛皮，出自巴赫罗茨定制工坊。*Modèles Originaux*，1926年

右页图

皮尔斯·特克斯（Pierce Tex）设计的针织日装大衣，或许更像是高尔夫大衣。美国，约1926年

Coat Style 10

右页图

两款夏季套装：左边的模特穿着灰色乔其纱拼蕾丝制两件套套装，并装饰有狐狸毛皮，右边的模特穿着设计有三层风琴褶饰的黑色拼淡褐色网纱连衣裙。衣领用假狐狸毛皮制成的，这是一种更便宜的毛皮，染成类似于狐狸毛皮，约1926年

上图

*La Femme Chic à Paris*的封面，1926年11月

Février 1926
REVUE MENSUELLE
Le N° France : 6 francs. — Italie : Lire 9.
La femme chic
à Paris
A. LOUCHEL, Éditeur
47, Rue de Sèvres, PARIS (6e)

上图

*La Femme Chic à Paris*的封面，1926年2月

Le migliori stoffe
I prezzi più convenienti

图
特鲁科（Lorenzo
面料的意大利广告
了三名身穿时尚日装
、1926年

行大衣。*La Femme*
年

右图
雷德芬设计的饰有毛皮装饰镶边的双绉连衣裙套装。*La Femme Chic*, 1926年

上图
伯莎·赫尔曼希（Berthe Hermance）设计的三款旅行套装。*La Femme Chic*，1926年

1998
1999
1998
1999
1998 Ensemble d'après-midi en velours. Veste vague garnie de renard. Haut de la robe en lamé et satin. Jupe formant pan du côté gauche.
1999 Ensemble en velours. Jaquette vague garnie de renard clair, tresse de soie et boutons passementerie. Robe avec trois volants en forme. Boucle métal.
Atelier Bachwitz

左页图、上图

重工刺绣春装大衣，配宽檐帽。1927年

天鹅绒午后小礼服套装，搭配狐狸毛皮镶边短外套；连衣裙上身用金银丝织锦缎制成，拼贴有深色缎带；一款天鹅绒套装，是饰有狐狸毛皮镶边的开襟夹克，内搭塔层连衣裙。均由巴赫罗茨定制工坊设计。*Chic Parisien Beaux- Arts des Modes*，1927年

2027
2026
2026
2027
Atelier Bachroitz
2026 Manteau de visite en burafyl. Col drapé et garniture de nutria. Bandes rapportées au devant, aux manches et dans le dos.
2027 Manteau de promenade en velours. Col, parements et bordure de renard clair. Bas rapporté, froncé et remontant devant.

上图、右页图

巴赫罗茨定制工坊设计的毛皮镶边午后礼服款大衣和狐狸毛皮镶边的天鹅绒漫步大衣，1927 年

1927年，女演员康斯坦斯·塔尔梅奇穿着一件缎领大衣，头戴钟形帽，1927年

左页图、上图

艾拉·理查兹在一场马展上穿着编织有抽象图案的针织套头衫和羊毛裙套装，搭配貂皮披肩，胸前饰有一枚超大的胸花，1929年

设计有扇形垂褶拼接细节的毛皮镶边大衣和一款日装连衣裙，设计有披肩、丝巾领和褶饰尖状裙摆。*The New Silhouette from Paris*，纽约汉密尔顿服装公司目录，约1929年

晚礼服

下图

“令人感到意外的信函”，插画：费尔南德·西蒙。*Gazette du Bon Ton*，1920年

下图

“Que vas-tu faire! ”（你要干什么!），沃斯的晚礼服。插画:艾蒂安·德里安（Etienne Drian）。*Gazette du Bon Ton*，1920年

右图

“新年要看的四件晚礼服”，分别出自艾格尼丝（Agnès）、罗尔夫（Rolf）和伯莎·赫尔曼希1920年的设计。*Le Femme Chic*，约1920年。这件晚装大衣由艾格尼丝出品，毛皮镶边，配以毛皮暖手筒。这些连衣裙具有明显的东方和异域风情，身着粉色和黄色连衣裙的模特在设计、装饰和配饰上都有阿拉伯后宫女奴的影子。流苏和饰带非常像玛塔·哈丽的风格，显示出这位著名的演员和脱衣舞女在1917年因涉嫌间谍罪而被处决后仍然保持着迷人的形象

上图
黑色和灰色纹样的真丝晚礼服，配上黑色真丝饰带。*Paris Elégant*，1920年

上图

Martial et Armand品牌的奢华晚礼服，饰有垂褶饰带和“伊丽莎白”领。*Paris Elégant*，1920年

右页图

一件沃斯设计的晚礼服。*Gazette du Bon Ton*, 1920年

UNE ROBE DU SOIR DE WORTH

上图

黑色晚礼服，上身是紧身胸衣式设计，下身是悬垂褶饰裙，由卡洛特姐妹（Callot Soeurs）设计。*Paris Elégant*，1920年

下图
“印度支那的女仆”，道维莱特设计的腰部饰带晚礼服。插图作者：安德烈·爱德华·马蒂。*Gazette du Bon Ton*，1920年

右图

多拉（Dorat）设计的带有薄纱袖子的黑色褶裥连衣裙，设计有薄纱拖尾的蓝色花瓣晚礼服；饰有黑色装饰薄纱拼接裙摆和袖子的芥末黄连衣裙，Premet时装屋设计的黑色扇形连衣裙，比尔设计的深蓝色羊毛外套和裙子。*La Femme Chic*，约1920年

晚礼服

上图、右页图

"Le Prologue ou La Comedie au Chateau"（盛大开幕），舞台礼服设计。插图:皮埃尔·布里索。*Gazette du Bon Ton*，1920年

真丝衬衫系列。各种衬衫的设计显示了过去十年中流行的异国情调。*Paris-Blouses*，1920年

3179
3181
3180
3182
Le Charme des Tissus soyeux.
ÉTÉ 1920
PL 4

3509
3510
3511
3512
HIVER 1920
Les jolis Tea Gowns
Reproduction interdite
Supplément au N° 11
Paris-Blouses.
Gaston DROUET, Éditeur.
6, Rue Ventadour, PARIS (1er

图

” 的法式茶会礼服，有粉色、黄色和紫色，有些
装饰人造花朵。茶会礼服是19世纪晚期英国人
当时流行舒适的无内搭束身衣的午后小礼服，最
家里穿，很快被法国人所接受。到了1920年代，
经走出了闺房和客厅，进入了更加开放的公共领
louses，1920—1921年

刂。*Paris-Blouses*，1920年

Croquis Pl_18
WORTH

左图

两款沃斯和一款比尔的设计。以模特现场展示的速写草图形式呈现，不同于正式出版的Bon Ton风格，画面更加轻松流畅。*Gazette du Bon Ton*，1920年

上图

两款珍妮·浪凡和一款比尔的设计。通过画面中对模特们的造型描绘，反映出浪凡的设计受到了东方风格的影响。*Gazette du Bon Ton*，约1920年

上图

两款保罗·波烈的晚礼服和一款珍妮·浪凡的日装套装。波烈的礼服连衣裙设计体现了受历史的影响：左边的连衣裙是希腊传统服饰的现代风格版本，右边的连衣裙是从18世纪带裙撑的礼服裙和装饰镶边上获得的灵感。浪凡的设计灵感来自19世纪的水手服。*Gazette du Bon Ton*，1920年

右页图

沃斯设计的晚装套装。*L'Illustration des Modes*，1920年

下页图

"Une Fête de Venise"（威尼斯电影节）——沃斯设计的黑色晚礼服，搭配绿色围巾，波烈设计的粉色真丝连衣裙，比尔设计的银色和闪烁钻石光泽的连衣裙，Martial et Armand的饰有绿色图案的黄色连衣裙，以及道维莱特设计的饰有毛皮的丝缎大衣。*L'Illustration des Modes*，1920年

Première Année. — N° 2. REVUE BI-MENSUELLE Jeudi 4 Novembre 1920.

L'ILLUSTRATION DES MODES

Lucien Vogel Directeur

"MON MANTEAU..." ou LE DÉPART DES INVITÉS

Un Ensemble pour le Soir, de Worth (11)

ix du Numéro : 2 fr. 50. 13, Rue St-Georges, Paris.

19

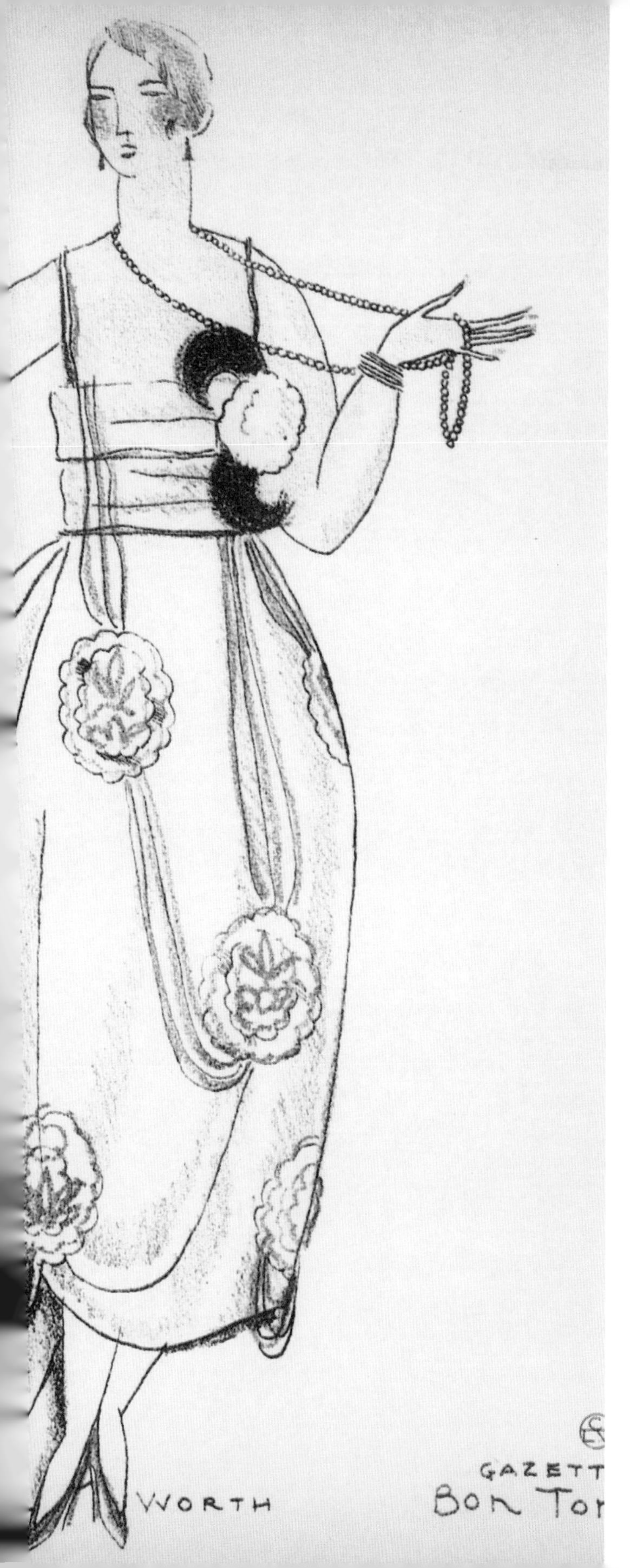

左图

两款道维莱特和一款沃斯设计的晚礼服。模特们漫不经心的姿态是平面设计中女性的典型代表，包括1920年代初的时装插图。*Gazette du Bon Ton*，1920年

右页图

身穿白色晚礼服的女子，饰以黑色珠饰流苏。*La Mode*，1921年

éro de Noël : 8 pages de plus, 50 centimes. -- Attention ! ne pas couper la planche de travaux

晚礼服

右图

初冬的五款设计——莫兰德（Morand）设计的一件宽大的灰色大衣，一件V领口、前胸交叉式晚礼服，Martial et Armand设计的一件黑色拼接连衣裙，一件黑色连衣裙配华丽的俄罗斯风格夹克，以及莫兰德设计的一件毛皮镶边的棕色大衣。*La Femme Chic*，约1921年

上图

出席观看一场私人的莫里尔马戏团表演时的三款晚礼服，这是巴黎社交日历上的一大亮点。*Paris Elégant*，1921年

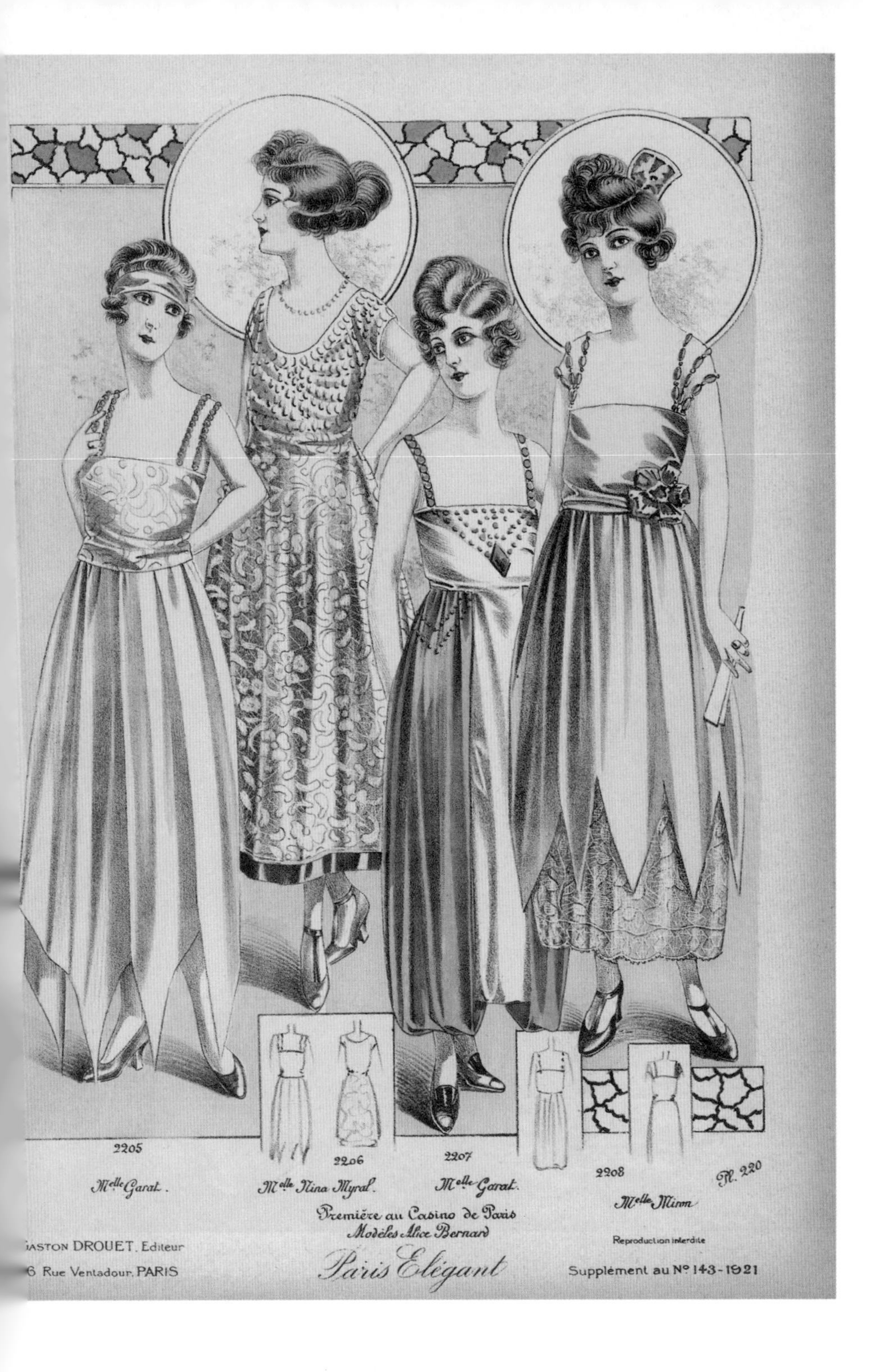

上图

爱丽丝·伯纳德设计的四款晚礼服，代表了当代女演员和模特，她们在巴黎赌场首次展示了这些礼服。*Paris Elégant*，1921年

上图
模特身穿理查德·希克森（Richard Hickson）的翡翠绿色真丝礼服，配以真丝腰带、装饰人造花和紧箍手臂的手环。据说这位模特收到的求婚次数比美国任何其他女孩都多，约1921年

上图

“来跳舞吧！”（Venez Danser），晚礼服由珍尼·浪凡设计，插画由皮埃尔·布里索绘制。无论是礼服裙的设计还是它的命名，都指向了1920年代人们对查尔斯顿舞、狐步舞和黑底舞等新舞蹈的狂热，这些舞蹈比前几代人的舞蹈更具活力，因此需要宽松飘动的服装。*Gazette du Bon Ton*，1921年

上图

“La Belle Dame sans Merci”（没有怜悯之情的美丽女士），晚礼服是沃斯设计的。插图：乔治·巴比尔（George Barbier），神话中的“没有怜悯之情的美丽女神”得名于15世纪的一首诗。她继续激励着约翰·济慈等诗人，以及拉斐尔前派艺术家，到1921年，她已经成为一个公认的术语，指的是蛇形美女。*Gazette du Bon Ton*，1921年

右页图、下页图

一件灰色和淡绿色相间的花缎晚礼服，饰有围裙式褶皱饰片。*Dernières Créations*，约1923年

在蔚蓝海岸度假时穿的五款连衣裙。其中的几件连衣裙设计展现了受古典希腊风格的影响，模特们的姿态和古典柱廊背景强化了这种风格。*La Femme Chic*，约1922年

S. 19

Eveningwear

晚礼服

下图

保罗·波烈的晚礼服“En plein coeur”（穿过心脏）。
插图：安德烈·爱德华·马蒂。*Gazette du Bon Ton*，
1922年

上图
淡紫色双绉舞会礼服，设计有塔层褶饰荷叶边裙摆。*Dernières Créations*，约1923年

右页图

好莱坞女演员波琳·弗雷德里克穿着饰有水晶装饰镶边的锦缎晚礼服，手执一把大的嵌有秃鹳羽毛的团扇，配金色的头带和丝缎鞋，约1922年

上图

蓝色双绉晚礼服，饰有灰色天鹅绒花朵，腰部搭配灰色拼银色缎带。*Dernières Créations*，约1923年

右页图

女人穿着蓝色的晚礼服，设计条较宽的白色毛皮镶边。*No*

1923年

晚礼服

上方左图、右图

黑色云纹绸晚礼服，腰部装饰一个大的蓝色花饰，与褶饰袖口相呼应。*Dernières Créations*，约1923年

金色和黑色丝织锦缎晚礼服，设计有臀部抽褶并向下垂顺的不规则下摆。*Dernières Créations*，约1923年

上图

黑色和金色丝织锦缎剧院款礼服大衣，饰有猿类毛皮衣领。*Dernières Créations*，约1923年

下图

淡紫色真丝晚礼服，裙身的前面饰有垂褶并用一个深色的蝴蝶结固定，内搭一件银色蕾丝衬裙。*Dernières Créations*，约1923年

下图

银色蕾丝晚礼服，前身饰有大片的刺绣图案并嵌有珍珠和真丝流苏。*Dernières Créations*，约1923年

右页图

红色真丝羊绒混纺宴会礼服，宽大的裙带在后面系成一个大的装饰结环。*Dernières Créations*，约1923年

S. 1

下方左图、右图

玉米黄色的马罗坎棱纹绉晚礼服，腰部饰有宽的橙色天鹅绒饰带。*Dernières Créations*，约1923年

真丝羊绒混纺晚礼服，臀部饰有装饰褶皱。*Dernières Créations*，约1923年

右页图

乔其绉晚礼服，裙摆饰有狐狸皮毛。*Dernières Créations*，约1923年

S. 20

下方左图、右图

饰有蕾丝荷叶边和蝴蝶结的真丝舞会礼服，设计有双层倾斜的荷叶边裙摆。*Dernières Créations*，约1923 年

粉色“绘画”（Picture）连衣裙（下摆呈圆环状宽松式，与紧身上衣相连的全长款连衣裙），裙摆拼贴有蕾丝花边。*Dernières Créations*，约1923年

下方左图、右图

双绉舞蹈裙，侧面嵌有蕾丝饰片。*Dernières Créations*，约1923年

粉色真丝拼乔其绉舞裙，领口饰有荷叶边，并设计有塔层荷叶边裙摆。*Dernières Créations*，约1923年

下图

绿色云纹绸连衣裙，设计有毛皮镶边的荷叶裙摆，披肩系于背后。*Dernières Créations*，约1923年

下图

蓝绿色真丝舞会礼服，搭配黑色真丝罩裙。

Dernières Créations，约1923年

下图

蓝色配白色双绉巴黎风格晚礼服，腰部和裙身饰有装饰图案。脖子上戴着一条窄的，装饰有一朵人造玫瑰花的蓝色丝绉围巾，约1923年

右页图

粉色绘画风格的晚礼服，后面系有大的蝴蝶结装饰，约1923年

上图

女人在裙子外面穿搭一件毛皮镶边的束腰外衣，还配有一条饰有人造叶子的，用同款面料制成的束腰带，约1923年

右页图

银色丝织锦缎和绿色云纹绸制设计有荷叶边裙摆。*Dernière*

约1923年

8.

右页图

华丽的舞台服装，饰有丰富华丽的刺绣图案，并嵌有珍珠和钉珠装饰，搭配同样华丽的圆形歌剧外套相辅相成，头饰由雉鸡羽毛制成，佩戴长串珍珠，而各种钻石手镯点缀完成整个造型。派拉蒙影业，约1924年

右页图

法国电影女演员阿莱特·马沙尔身穿一件雪纺睡袍式连衣裙，搭配金属丝织蕾丝外套和鸵鸟羽毛围巾，头上紧裹着包头巾，脚上穿着饰有钻石扣的丝缎鞋，约1924年

624

上图、右页图

女演员海伦娜·达尔吉穿着她在1925年《女王的告白》(*Confessions of a Queen*)中的服装

名为“戈尔康达”(Golconde)的晚礼服，金色丝织锦缎披肩外衣上用臭鼬毛皮装饰的袖口和围巾，约1925年。这款礼服的名字可能指的是印度城市戈尔康达，这座城市曾因钻石矿而闻名。到了19世纪末，“戈尔康达”一词已经开始象征“与巨大财富有关的东西”，因此与这套金色服装的概念完美契合

上图、左页图

模特身着黑色的平绒连衣裙，披肩袖上饰有黑色狐狸毛皮镶边，约1925年

塔层印花塔夫绸晚礼服，饰有钉珠和流苏，约1925年

右页图

设计有多色相间的大衣领的金色锦缎晚礼服，一件粉色拼灰色的舞蹈裙。*Paris Elégant*，约1925年

Très élégant ensemble pour le soir créé par Mariette Pognot.

Éditeur - Gérant
Sourdière,
(1er)

▪伦娜·达尔吉穿着她在1925年
吉白》中的服装

下图

金色蕾丝舞会礼服，内搭一件金色丝织锦缎吊带裙，搭配同款流苏围巾；巴赫罗茨定制工坊设计的双绉舞会礼服，上面饰有丰富的珠饰刺绣。*Chic Parisien Beaux-arts des modes*，1925年

Modèles Originaux
342
342 Robe du soir en lamé côtelé et velours chiffon deux couleurs.
Tunique brodée corail et jais.
Atelier Bachroitz

上图

巴赫罗茨定制工坊设计的晚礼服，由银色丝织罗纹锦缎、蓝色和黑色雪纺丝绒制成。*Modèles Originaux*，约1926年

上方左图、右图

巴赫罗茨定制工坊设计的黑色雪纺丝绒舞裙，设计有交叉背部和肩带细节。*Modèles Originaux*，约1926年。腰带上饰有贴布绣，模特的胳膊上戴着装饰手镯，这是一种受异域风情影响的时尚，体现了1920年代中期服装细节设计的风向

巴赫罗茨定制工坊设计的黑色雪纺丝绒拼金色丝织锦缎晚礼服，借鉴了马裤的设计细节。*Modèles Originaux*，约1926年。这款连衣裙条裙子在裙身前中部位饰有褶皱汇成的装饰结，并形成自然垂顺的裙摆，在结的中心点缀绣着珍珠

右图、下页图

五款乔其纱晚装连衣裙，其中一款深蓝色的连衣裙上饰有褐黄色杜邦（Dupony）装饰镶边。*La Femme Chic*，1926年

巴赫罗茨定制工坊设计的七款晚礼服。*Chic Parisien Beaux-Arts des Modes*，约1926年。这些连衣裙展示了各式各样的时尚风格，从浪漫的蕾丝塔层连衣裙到饰有毛皮肩带的连衣裙，有装饰华丽的后袋式（Sack）和黑色蕾丝拼接款到后背深V式剪裁

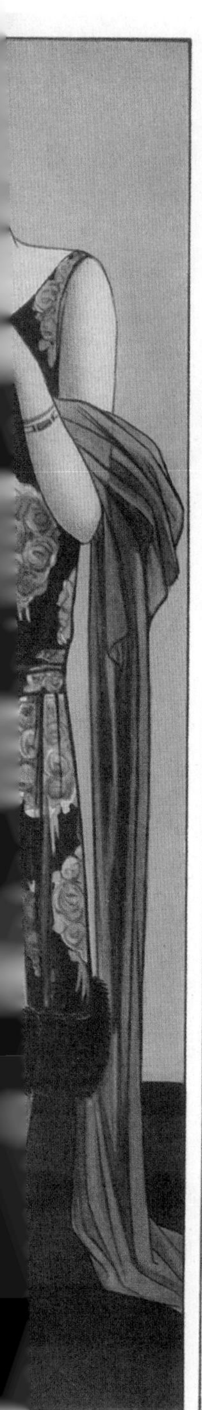

864
865
866
867

晚礼服

Eveningwear

晚礼服

N° 1. — 3 Janvier 1926
50c NOUVELLE MODE 50
Pour les nouvelles conditions
d'abonnement à l'étranger,
voir page 5
Publications V. DE NOIRFONTAINE, 5. Boulevard des Capucines Paris.

上图、右页图

女人身穿裙摆褶裥款晚礼服，搭配一条可穿插式围巾。*Nouvelle Mode*，1926年

女人身穿绿色低腰，深V领连衣裙。*Nouvelle Mode*，1926年

前页图

“各式风格的礼服”，饰有珠串链环的黑色晚礼服和粉红色亮片晚礼服，出自尤金妮与朱丽叶（Eugénie et Juliette）的设计；爱丽丝·伯纳德设计的毛皮镶边套装、黑色日装连衣裙和栗色套装；爱丽丝·伯纳德设计的饰有人造玫瑰朵的黄色晚礼服和黑色天鹅绒拼粉色丝缎晚礼服。*La Femme Chic*，1926年

0c NOUVELLE MODE 50
Pour les nouvelles conditions
d'abonnement à l'étranger,
voir page 5
251
Publications V. DE NOIRFONTAINE, 5. Boulevard des Capucines Paris.

上图

巴赫罗茨定制工坊设计的三款晚礼服，约1927年。秃鹳羽毛折扇是很受欢迎的配饰，金色扇柄与连衣裙的花卉装饰相呼应。中间的裙子设计有长长的拖尾，上面系着一个硕大的蝴蝶结。这种款式的服装在这十年的后半段开始流行。*Chic Parisien Beaux-Arts des Modes*，约1927年

上图

两款巴赫罗茨定制工坊设计的晚礼服。左边是一款腰部以下的裹身式设计，右边是深V型背部剪裁造型，裙身装饰有雪花图案设计，背部饰有蝴蝶结，裙摆嵌有毛皮镶边，*Chic Parisien Beaux-Arts des Modes*，约1927年

2014 Robe à danser en velours souple. Corsage très croisé. Plastron de dentelle métal. Roses de lamé. Pan doublé de même. Trois volants en forme.

2015 Princesse en fulgurante claire. A droite un lé de satin foncé, se terminant en trois pans arrondis brodés bijoux et perles. Du côté gauche un drapé doublé de satin noir.

2010
2011
2010 Robe demi-style en taffetas. Devant droit replié en revers. Plastron de dentelle métal. Jupe coulissée.
2011 Robe du soir en Georgette. Jupe très mouvementée. Bande cernant le décolleté et motifs brodés métal et perles.
Atelier Bachwitz

左页图、上图

丝绒舞蹈裙，交叉式上身内搭金属色背心，还有一款修身晚礼服，侧面拼接深色丝缎扇形刺绣饰片，并嵌有水钻和钉珠。均由巴赫罗茨工作室设计。*Chic Parisien Beaux-Arts des Modes*，1927年

半正式风格（译者注：Demi-style，法语词，译为英语是Semi-stlye）的塔夫绸礼服，胸前拼有金属色蕾丝，还有一件乔其纱晚礼服，饰有金属丝线刺绣图案并点缀有珍珠。均由巴赫罗茨定制工坊设计。*Chic Parisien Beaux-Arts des Modes*，1927年

2028
2028
2029
2029
Atelier Bachwitz
2028 Robe du soir en satin. Volant simulant boléro, rapporté en biais. Ceinture écharpe de tissu. Jupe ondulante, allongée et formant godets du côté gauche.
2029 Robe à danser en crêpe de Chine clair. Bandes de tissu disposées en largeur. Ceinture avec boucle bijouterie. Jupe mouvementée. Lé drapé formant pans.

上图

黑色丝缎晚礼服和浅色双绉舞裙，均由巴赫罗茨定制工坊设计。*Chic Parisien Beaux-Arts des Modes*，1927年

2012
2012
2013
2013
Atelier Bachwitz
2012 Robe à danser en crêpe Georgette sur fond de satin. Haut jaboté à droite. Ceinture écharpe de faille. Tablier tunique ondulant appliqué en biais, long pan du côté gauche.
2013 Robe du soir en dentelle soie délicate. Corsage croisé. Nœud de satin avec long pan, fixé par une grosse rose. Jupe étroite de satin. Deux volants de dentelle, brodés métal.

上图

一件乔其纱舞裙，内搭丝缎衬裙；一件真丝蕾丝晚礼服，上身是交叉式设计，下身内衬紧身衬裙，外面覆盖着蕾丝褶饰荷叶边裙摆。均由巴赫罗茨定制工坊设计。*Chic Parisien Beaux-Arts des Modes*，1927年

右页图

好莱坞女演员艾格尼丝·艾瑞丝身着兰伯特设计的白色雪纺连衣裙，裙子上点缀着黑白亮片。这款连衣裙是她在1927年的喜剧电影《夏娃的情书》中所穿的戏服，1927年

2032 Robe de style en tulle soie ou mousseline sur fond de taffetas. Corsage très échancré dans le dos, retenu par quatre bretelles. Ample jupe plus longue dans le dos que devant et garnie de ruches de tissu. Deux roses de soie à la hanche gauche.

2033 Robe de style en taffetas fleur. Corsage en pointe avec petit décolleté. Jupe étagée, bords de tulle. Plaques bijouterie

2024
2024
2025
2024
2025
2024 Robe du soir en Georgette. Mi-boléro rapporté en biais. Lé formant pointe et drapé, remontant à gauche. Broderie or. Une rose à la ceinture.
2025 Robe à danser en crêpe de Chine formée de bandes rapportées, drapées à la partie inférieure et arrondies à l'ourlet.
Atelier Bachwitz

左页图、上图

粉色真丝塔夫绸上覆盖粉色真丝网纱制成的连衣裙；黑色塔夫绸连衣裙，塔层裙摆上拼有网纱饰边。均由巴赫罗茨定制工坊设计。*Chic Parisien Beaux-Arts des Modes*，1927年

饰有金色刺绣图案的乔其纱舞裙和双绉裁片拼接舞裙。均由巴赫罗茨定制工坊设计 *Chic Parisien Beaux-Arts des Modes*，1927年

2034
2035
2034
2035
2036
2037
2036
2034 Robe du soir en Georgette brodée de tubes et perles d'or. Haut de genre boléro. Jupe plissée à bord festonnant. Touffe de roses de soie.
2035 Toilette de soirée en velours chiffon. Corsage croisé. Bas de genre casaque, se terminant en pan du côté gauche. Plastron et bas de jupe en dentelle de soie sur fond de lamé. Echarpe de dentelle.
2036
2037
2038

右图

设计有曲线形的褶裥裙摆的乔其纱晚礼服，雪纺丝绒和蕾丝制成的晚礼服，裙侧饰有翼形垂褶的丝绉舞裙配珠饰刺绣开襟短上衣，裙侧饰有翼形垂褶的塔夫绸晚礼服，饰有条纹刺绣细节的塔夫绸晚礼服内搭蕾丝背心，半正式风格的黑色网纱连衣裙，乔其纱舞裙搭配金属色蕾丝开襟短上衣。均由巴赫罗茨定制工坊设计。*Chic Parisien Beaux-Arts des Modes*，1927年

2038
2039
2040
2038
2039
2040
Atelier Bachwitz
ınt pan. Boléro perlé.
ɔées. Boucle bijouterie.
ulant se terminant en
2039 Robe demi-style en tulle noir. Jupe volantée remontant à gauche. Corsage garni d'applications de tulle. Ceinture de ruban avec rose de couleur.
2040 Robe à danser en Georgette. Boléro de dentelle métal. Bandes incrustées à la taille et bordures des volants de jupe également de dentelle métal.

上图

五款礼服分别出自简·雷格尼、珍妮、Bernard et Cie、雷德芬和苏珊娜·托尔伯特的设计。*Sélection*，约1927年

晚礼服

右页图

珠饰晚礼服和黑色天鹅绒礼服。*Fashion for All*, 1927年

上图

美国设计师马里恩·斯特赫利克（Marion Stehlik）穿着一件她自己创作的礼服，设计有伊丽莎白式衣领，用蕾丝制成，1927年

下图

一件绣有多色金属饰片的乔其纱晚装，一件非正式的丝缎晚装，左侧、背部饰有刺绣花边。均由巴赫罗茨定制工坊设计。*Chic Parisien Beaux-Arts des Modes*，1927年

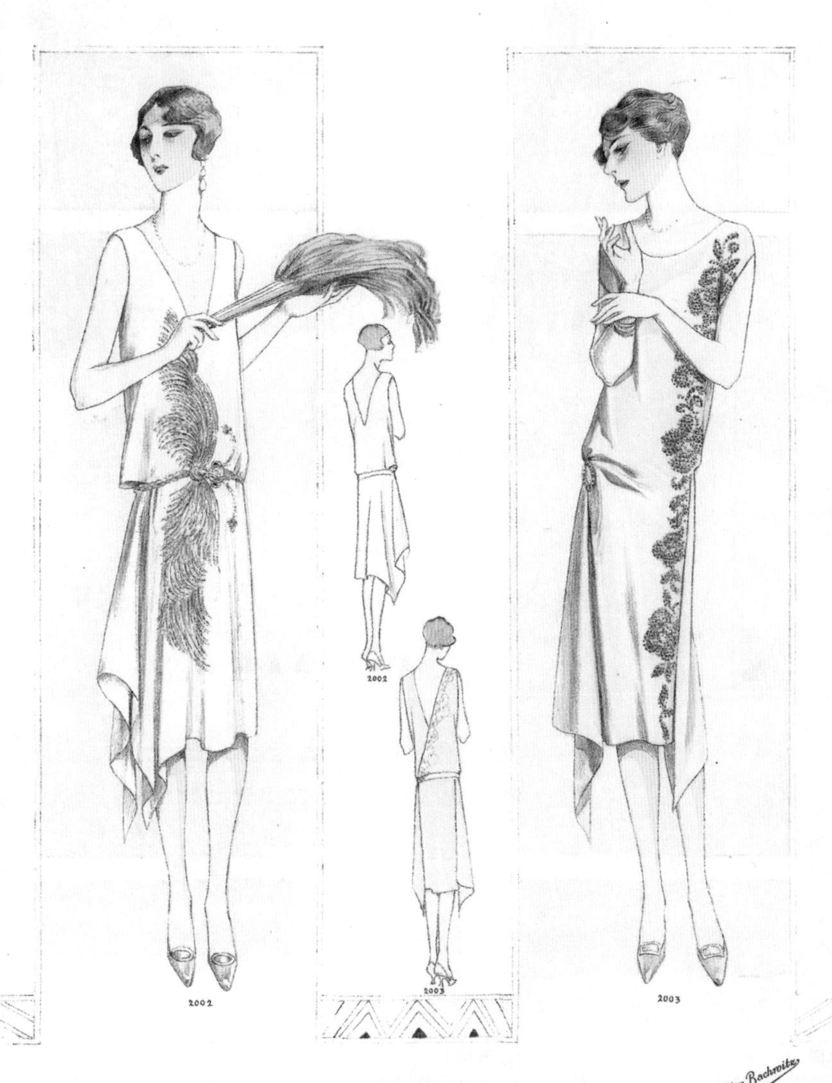

Atelier Bachroitz

2002 Robe du soir en crêpe Georgette. Libellule brodée de paillettes de couleurs. Jupe formant pans du côté droit.

2003 Robe de petit soir en satin. Bordure de fleurs brodée perles. Décolleté rond devant, en V dans le dos. Dos croisé. Pans flottants des deux côtés.

2022 Robe à danser en taille taffetas et tulle. Tablier original. Bordure et empiècement de hanches brodés de perles et tubes. Cordelière pareille cernant l'échancrure en pointe, long gland. Ceinture de tissu avec boucle de perles.

2023 Robe à danser en crêpe mongol. Echancrure ovale. Plastron en lamé argent. Volants en forme et écharpe doublés de même. Boucle bijouterie.

上图

一款饰有流苏和刺绣细节，用罗缎和真丝网纱制成的舞裙；一件设计有喇叭形的荷叶边裙摆的丝绉连衣裙。均巴赫罗茨定制工坊设计。*Chic Parisien Beaux-Arts des Modes*，1927年

右页图

丝缎晚装连衣裙，上身如短上衣式的设计，圆形过肩式裁剪，内衬，蕾丝底裙；一款金属色蕾丝舞蹈连衣裙，内搭丝缎吊带裙。均由巴赫罗茨定制工坊设计。*Chic Parisien Beaux-Arts des Modes*，1927年

2006 Robe du soir en satin. Haut de genre boléro se continuant à gauche en un lé drapé. Empiècement rond et bas de jupe en dentelle de soie. Bouquet d'épaule.

2007 Robe à danser en dentelle métal sur fond de satin. Ceinture pareille avec boucle bijouterie. Jupe à trois volants se terminant en pointes du côté droit. Echarpe de dentelle, fixée à l'épaule gauche par un chrysanthème.

Atelier Bachroitz

配饰

Le N° : 50 Cent — 24e Année. -- N° 49 -- 28 Novembre 1920 — ★ ★ ★ -- 24 pages

La Mode

Parure nouvelle en fourrure

Dans ce numéro, son explication

Rédactrice en chef : COUSINE JEANNE

Prix des abonnements

FRANCE ET COLONIES		UNION POSTALE
7 francs	3 mois	8 francs
13 francs	6 mois	14 francs
25 francs	Un an	27 francs

Hôtel du PETIT JOURNAL
61, rue Lafayette
PARIS

右图

着饰有毛皮领的黑色歌剧大衣，搭配
巾风格的帽子和暖手筒。*La Mode*，
E

女演员玛丽·安德森穿着一件蓝色和
R的日装连衣裙，戴着一顶饰有珍珠
蓝白色帽子，1921年

上图、右页图

“最新时尚”的帽子。金字塔状的帽子源自传统俄罗斯节日的科科什尼克（kokoshnik）头饰，反映了俄罗斯移民设计师对巴黎时装的影响。*La Nouveauté Francaise*，1921年

明信片上穿着蓝色套服的女人，佩戴一条异国风情的围巾，1922年

R·P
1514

下图、右页图

4款丝绉夏装连衣裙，饰有不同颜色和款式的刺绣图案，搭配必备的遮阳伞。*The Ladies' Home Journal*，1922年

钩针编织和针织的时尚款式和配饰。*The Ladies' Home Journal*，1922年

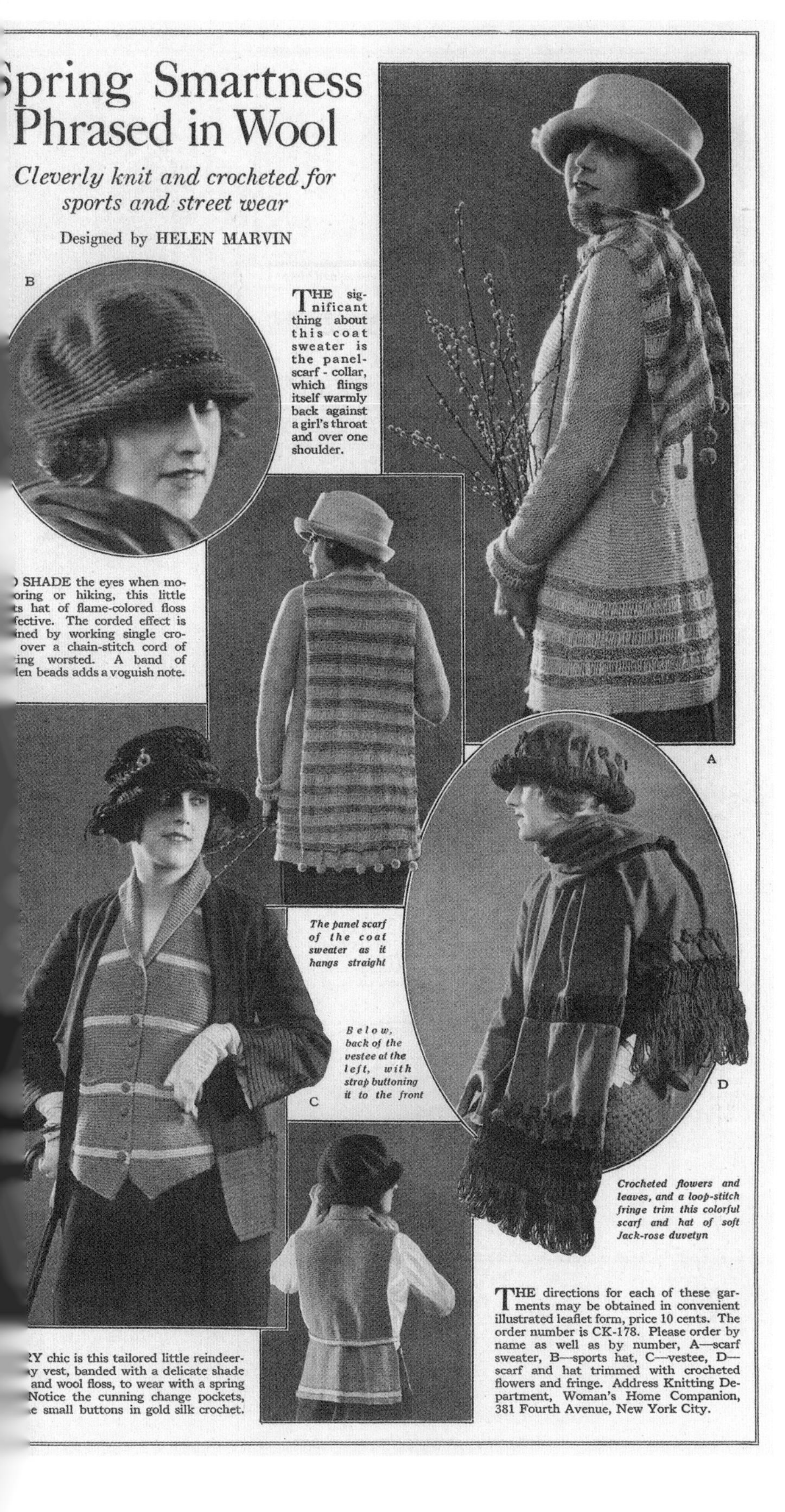

Spring Smartness Phrased in Wool

Cleverly knit and crocheted for sports and street wear

Designed by HELEN MARVIN

B

THE significant thing about this coat sweater is the panel-scarf-collar, which flings itself warmly back against a girl's throat and over one shoulder.

) SHADE the eyes when mo-
oring or hiking, this little
ts hat of flame-colored floss
fective. The corded effect is
ined by working single cro-
over a chain-stitch cord of
ing worsted. A band of
len beads adds a voguish note.

A

The panel scarf of the coat sweater as it hangs straight

Below, back of the vestee at the left, with strap buttoning it to the front

C

D

Crocheted flowers and leaves, and a loop-stitch fringe trim this colorful scarf and hat of soft Jack-rose duvetyn

THE directions for each of these garments may be obtained in convenient illustrated leaflet form, price 10 cents. The order number is CK-178. Please order by name as well as by number, A—scarf sweater, B—sports hat, C—vestee, D—scarf and hat trimmed with crocheted flowers and fringe. Address Knitting Department, Woman's Home Companion, 381 Fourth Avenue, New York City.

RY chic is this tailored little reindeer-
y vest, banded with a delicate shade
and wool floss, to wear with a spring
Notice the cunning change pockets,
e small buttons in gold silk crochet.

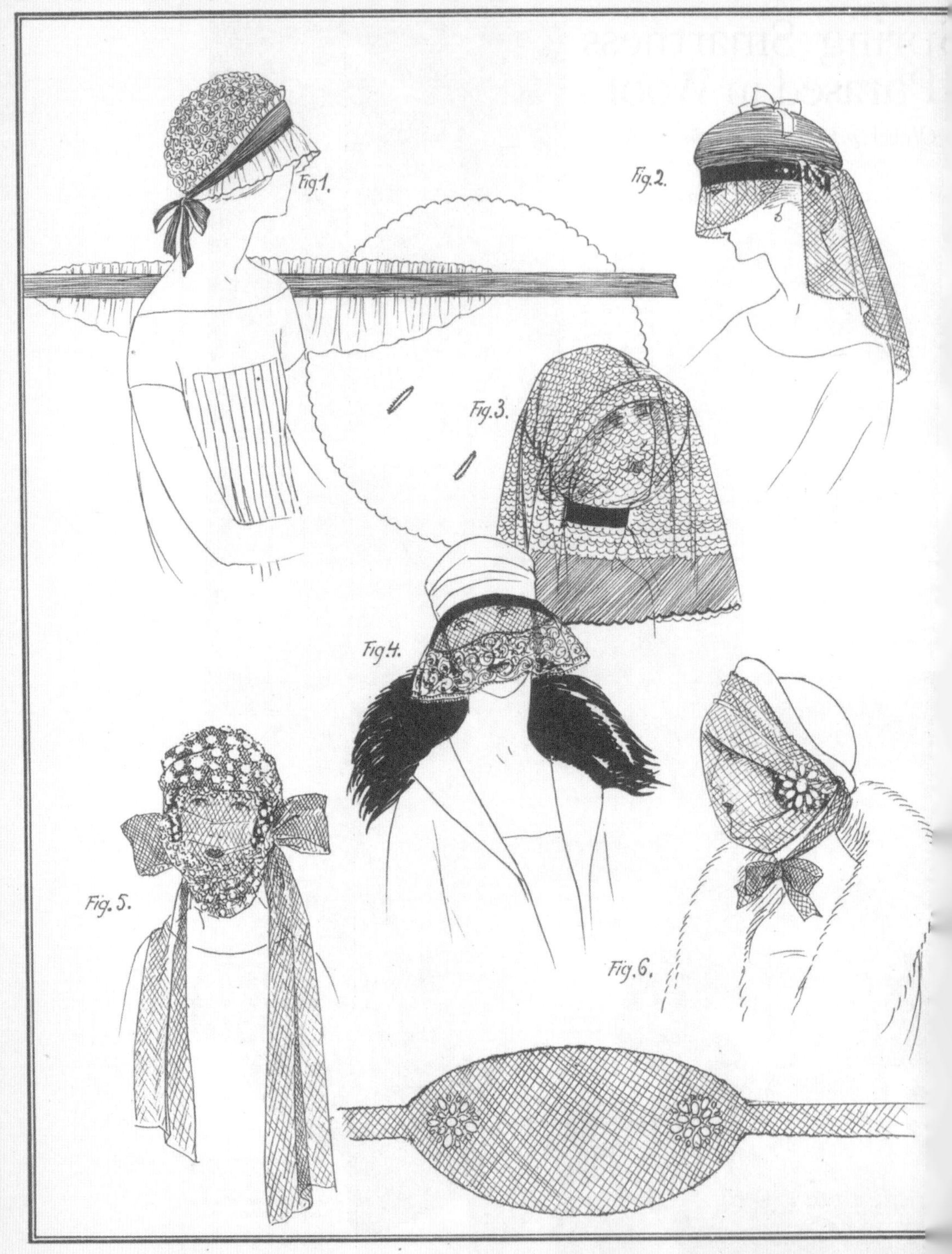
L A   M O D E   D E S   V O I L E T T E
Fig. 1.
Fig. 2.
Fig. 3.
Fig. 4.
Fig. 5.
Fig. 6.

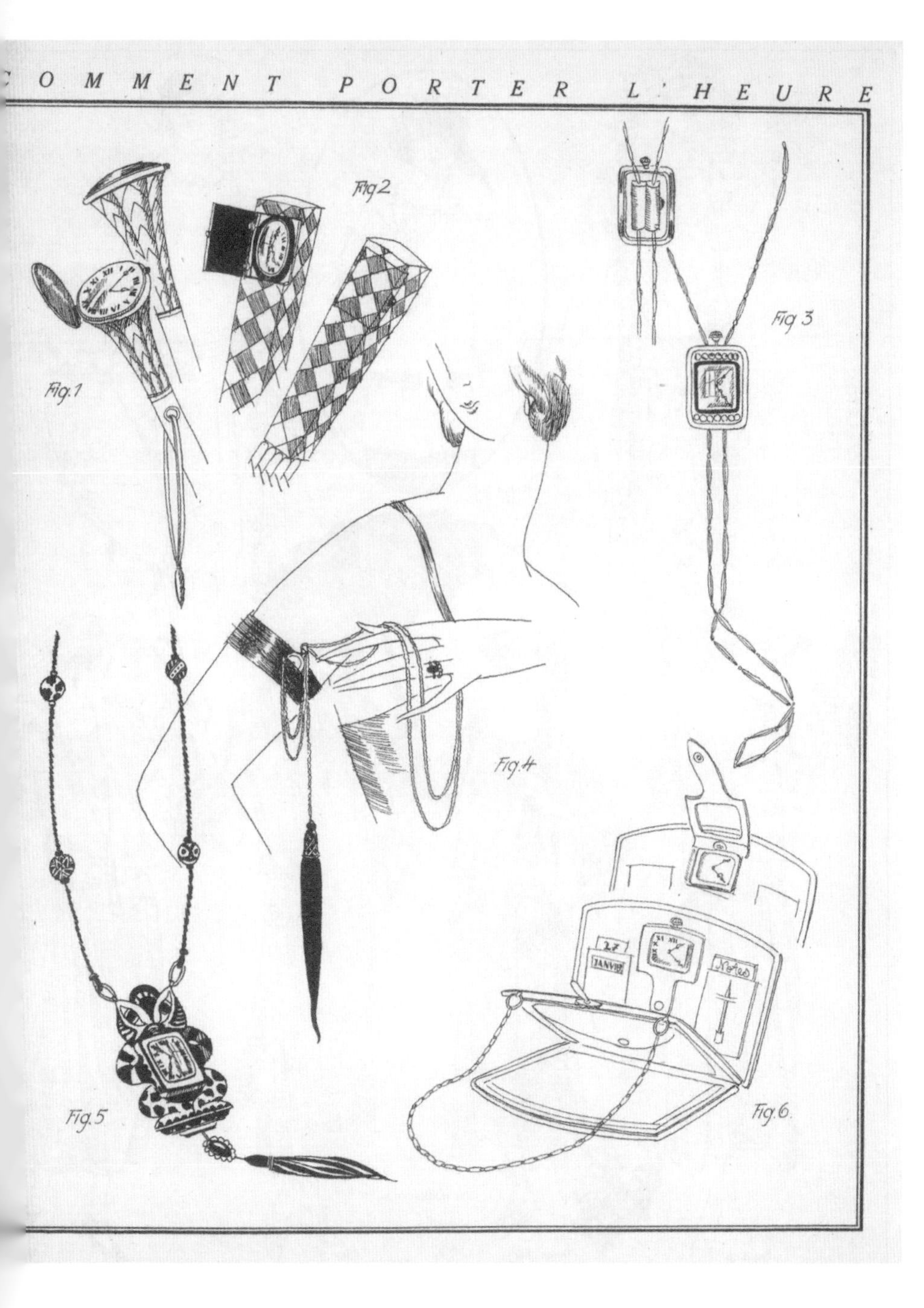

左页图、上图

时尚面纱精选。*Gazette du Bon Ton*, 1922年

高档新奇款式的手表插图。*Gazette du Bon Ton*, 1922年

上图

与夏季连衣裙搭配的各种配饰设计。*The Delineator*, 1922年

上图

与夏装搭配的各种配饰设计。*The Delineator*, 1922年

1465
Paris-Chapeaux
29, RUE DE LA SOURDIÈRE
PARIS
Un original travail de paille d'Hélène Julien.
SUPPLÉMENT
N°142 - PL 801

左页图、上图

巴黎女帽设计师简·布朗肖（Jane Blanchot）的三件作品。*Les Chapeaux de La Femme Chic*，约1923年

巴黎女帽商伊莲娜·朱利安（Hélène Julien）用酒红色稻草制作的原创帽子模型。注意模特的腮红和红色唇膏。*Paris-Chapeaux*，1923年

下图、左页图
宽檐帽的设计。*Les Chapeaux du'Trés Parisien*, 1923—1924年

嵌有白色珠饰图案的黑色丝缎午后礼服套装，领子和袖口装饰黑色狐毛皮，搭配饰有羽毛的、紧贴合头部的帽子。*Central News photograph*，约1923年

右页图

女人身着蓝色针织连衣裙，搭配套围巾和多色绒线帽。*Nouvelle Mode*，1924年

NOUVELLE MODE 50 c

Publications V. DE NOIRFONTAINE, 5. Boulevard des Capucines Paris.

Paris-Chapeaux

29, Rue de la Sourdière
PARIS (1er arrt)

Les chapeaux de deuil et leurs sobres garnitures

SUP
N° 132

左页图、上图

三款巴黎风格丧服帽。帽子的设计非常时尚，通过嵌在帽子的长款黑色面纱才能看出它们被用作丧服的功能。*Paris Chapeaux*，1924年

巴黎女帽设计师艾美西·博纳德（Amicy Boinard）的三款作品。*Les Chapeaux de La Femme Chic*，约1924年

下图、右页图
冬季黑色草帽，侧面饰鸵鸟羽毛。伦敦，约1924年

巴黎风格春季帽，用“曼谷稻草”制成，饰以红宝石色天鹅绒的帽檐衬里与缎带相配，约1925年

下方左图、右图
麦秸秆制成的春季帽子，上面是玫瑰色丝缎的平顶，并饰有一枚小的钻饰带扣，约1924年

深蓝色钟形帽，用罗纹织带紧贴合头部缠绕而成，饰有大朵米色天鹅绒花饰和面纱，约1925年。可可·香奈儿开创了佩戴多串珍珠项链的时尚搭配方式

下方左图、右图

淡绿色的双绉宽檐帽，帽檐饰有人造花束，约1925年

香槟色宽檐草帽，边缘饰有深色丝带包边，以匹配帽冠上的缎带，缎带上饰有精巧的金色刺绣图案，约1924年。这张照片的风格酷似当时较受欢迎的女演员款明信片，表明尽管钟形帽在1920年代成为首选的帽子，但更浪漫的风格也同样受欢迎

10 AU LOUVRE — PARIS

MODES ET FORMES

38.560. CHAPEAU paille anglaise, noir, marron, marine et blanc. 45.»
En tagal picot, noir, marron, marine, blond et rouge. 33.»

38.558. CLOCHE paille anglaise, noir, marron, marine ou blanc. 47.»
En tagal picot, noir, marron, marine, blond ou rouge. 31.»

38.557. CHAPEAU bowen, doublé genre mauille, noir doublé rouge, roy, vert, empire, blanc ou noir, nègre doublé blond ou nègre, marine doublé rouge, blanc, ou marine, blond doublé nègre ou blond.
En bowen blanc doublé couleurs. 44.»

38.559. CAPELINE paille dentelle, noir, marron, marine, blond, rouge ou blanc, garni ruban assorti . . 35.»
Le même, en paille anglaise, noir ou blanc. 45.»

38.561. CHAPEAU bowen, double genre mauille, garni ruban, belle qualité, même coloris que le nº 38.557. 39.»

38.563. CHAPEAU véritable feutre souple, noir, marron, marine et acier, garni ruban. 35.»
En blanc, sable, argent, rouge et écaille. . 43.»

38.562. CHAPEAU paille anglaise, même coloris que le nº 38.558 49.»
En tagal picot, même coloris que le nº 38.558. 33.»

77.448. CLOCHE calotte tissu fantaisie, passe dentelle, noir, marron ou blond, garniture ruban assorti. 27.»

77.451. CHAPEAU calotte tissu soie fantaisie, noir, marron, ou écaille, volant tulle assorti. 29.90
En organdi, noir, blanc, mauve, citron, nattier, rose ou champagne, garniture nœud ruban assorti. 27.»

77.458. CHAPELIER paille anglaise, noir, nègre, mordoré, marine ou rouge, garni fantaisie ruban. 29.90
La forme nue en liseré, mêmes coloris. 9.95

77.452. TOQUE tissu otteman fantaisie, noir, marron, blond, ou marine. 24.»

77.453. CHAPEAU tissu soie fantaisie, noir, nègre, mordoré ou gris, garniture ruban assorti. 28.75

77.449. CHAPEAU laize paille soie, noir, marron, mordoré, gris, marine ou rouille, garni ruban fantaisie. 29.75

77.450. Grande CAPELINE calotte soie, passe dentelle, noir, marron, blond ou blanc, nœud tulle assorti. 29.75

77.446. CHAPEAU soie et ruban noir, marron, blond, gris ou rouille, garniture ruban fantaisie. 29.90

TÉLÉPHONE : Louvre 59-40 à 59-53. — Inter spécial 4-86.
Jours fériés et après fermeture : Gutenberg 38-54.

上图

日装帽款精选。卢浮宫百货商品目录，1925年

上图

日装帽款精选择。卢浮宫百货商品目录，1925年

左页图、上图

女演员玛丽·布莱恩头戴钟形帽，身穿运动针织衫，戴无指皮革高尔夫手套，约1925年

女人身穿时尚的针织束腰套西装，搭配相称的帽子和胶木手包。*Mode Pratique*，1925年

"GERDA" 20 bou

N° 600 - ECHARPE

Très élégante, spéciale pour l'auto.

En très beau crêpe de chine, écossais, quatre nuances peintes à la main avec dessin de franges, sur fond : saumon, beige ou vert.

Dimensions :
1 m 70 × 0 m 48

Prix: frs **125.** »

600

601

ARTRE PARIS

601 - CHALE

ant. Cette mode règne
en maître.

hine brodé main qualité supé-
c franges soie rapportées.
corail, nattier, champagne,

: $1^m \times 1^m$ plus franges 0^m35.

Prix : frs **350.** »

N° 602 - **ECHARPE**

Pour la ville, souple, utile en toutes circonstances.

Crêpe de chine belle qualité. Fond blanc uni, bord impression spéciale. Nuances : chinées.

Dimensions : $1^m80 \times 0^m48 / 0^m50$

Prix : frs **99.** »

602

左图

葛达时装屋设计的衬衫和披肩。葛达时装屋目录，约1925年

右图

葛达时装屋设计的三款晚礼服，其中一个模特拿着一把鸵鸟羽毛制成的扇子。葛达时尚屋目录，约1925年

MONTMARTRE **PARIS**

下图

穿在皮制高跟鞋上的，长度过膝的装饰性护腿，上面“旧时的”护腿是用皮革制成，虽兼具装饰功能，但多为男性穿着，用以保护他们的鞋子和裤子。在1920年代，它们成为一种纯粹装饰性的女装时尚配饰，约1925年

右页图

脚镯或装饰性的脚踝带，套在裸色花纹长筒袜上，脚上穿着一双皮革绑带高跟鞋。美国，约1925年

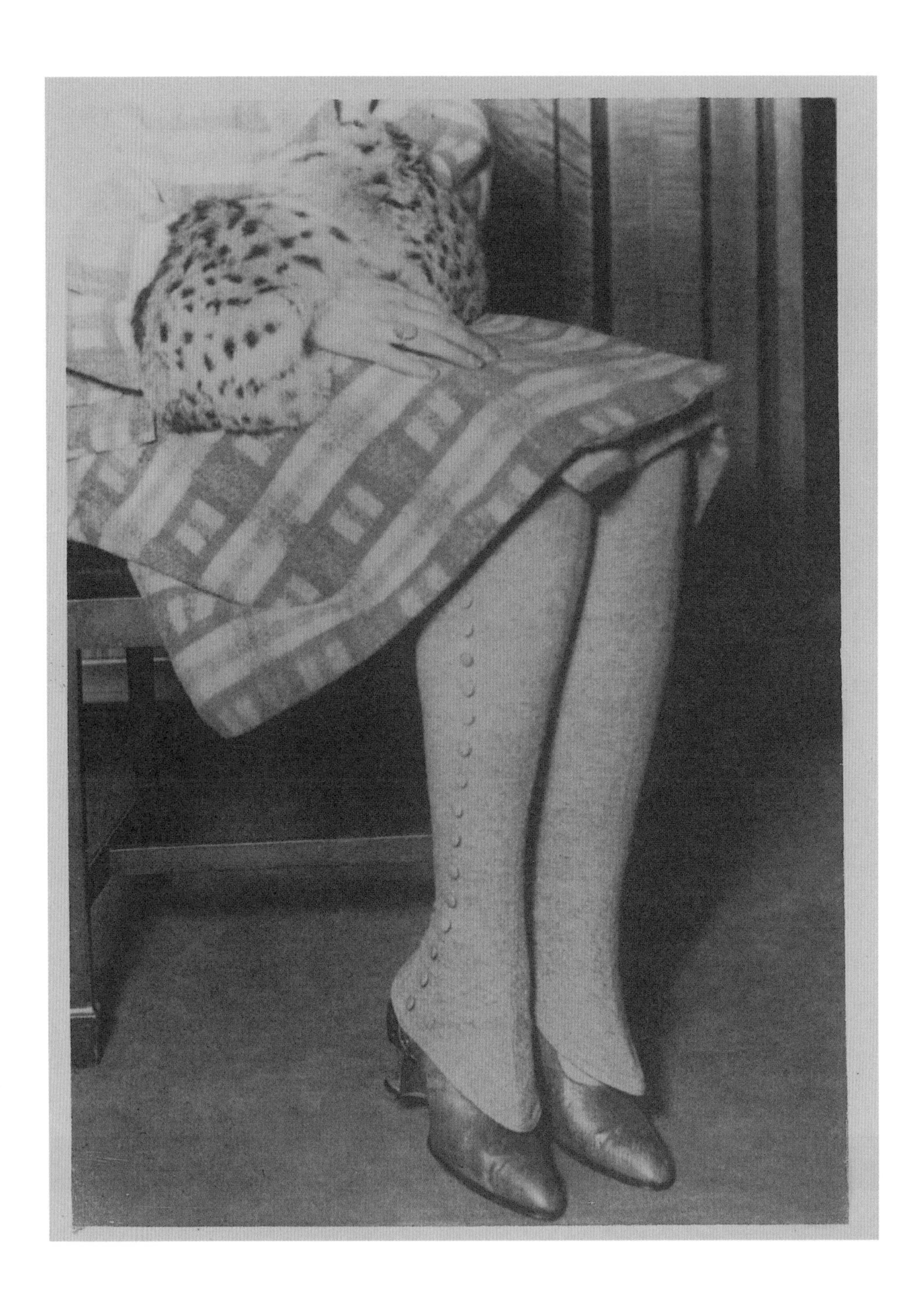

2701
Hélène Julien
Hélène Julie
2702
Rose Petit
2703
Quelques formes plus grandes.
Paris Chapeaux
29, rue de la Sourdière
PARIS

左页图、下图

由伊莲娜·朱利安和罗丝·佩蒂特（Rose Petit）设计的三款钟形帽。*Paris Chapeaux*，约1926年

女人穿着黑色单排扣夹克，内搭白色衬衫，头戴钟形帽。*Nouvelle Mode*，1926年

Pour les nouvelles conditions
d'abonnement à l'étranger,
voir page 5
55.

Nº 9. – 28 Févr
50c NOUVELLE MODE 50c
982.
Colette
Publications V. DE NOIRFONTAINE, 5. Boulevard des Capucines Paris.

左页图、上图

女演员贝蒂·布朗森在电影《天堂》中戴着装饰有丝带的贴合头部的帽子，1926年

参加赛马会的女人，身着丝绉印花连衣裙，设计有褶裥裙摆，外搭深蓝色大衣和一个信封包。*Nouvelle Mode*，1926年

右页图

*La Femme Chic à Paris*的封面，1926年7月

illet 1927
REVUE MENSUELLE
Le N° France : 8 francs — Italie : Lire 10.
La femme chic
Publications A. LOUCHEL
Telefono 85-855
La femme chic
di A. PIERONI
GIORNALI DI MODE - MODELLI
TAGLIATI IN CARTA E MUSSOLA
MANNEQUINS MILANO VIA DANTE, 4

右页图

女人身穿饰有耀眼玫瑰花朵图案的白底夏季连衣裙，设计有褶裥裙摆和喇叭袖手持一把遮阳伞。*Nouvelle Mode*，1926年

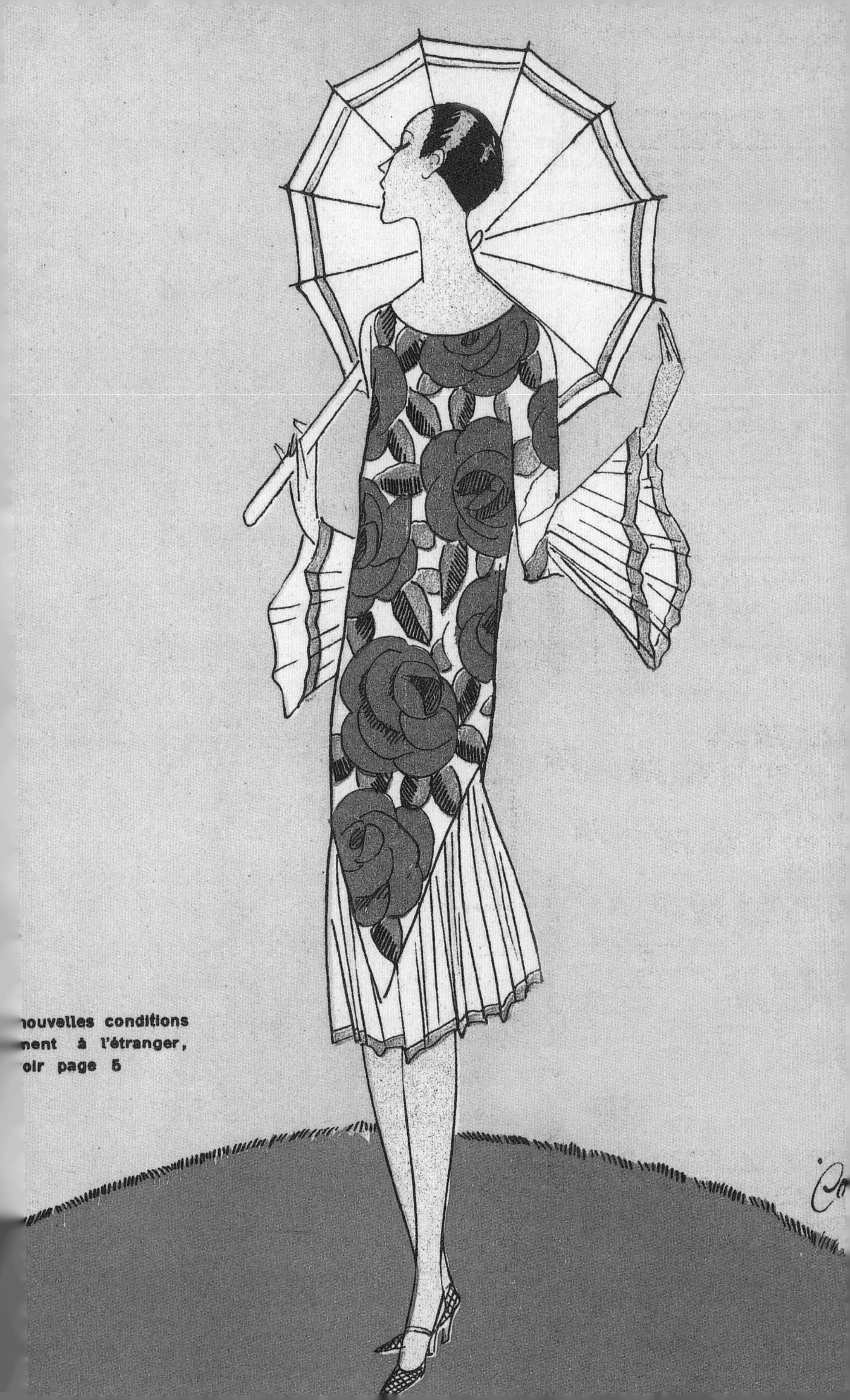

nouvelles conditions
ment à l'étranger,
oir page 5

右页图

一件奢华的晚礼服，裙摆采用透明材料制成，前面裁成向上的V形，并拼接有金属丝织物饰边。礼服的上半部用相同的金属丝织面料制成。前胸的面料胸花和鸵鸟羽毛扇完成了这组风格的搭配。伦敦，约1926年

Les chapeaux
de La femme chic
Supplément au N°140
Création Hélène Thibault
Pl. 1
Imp. Lafontaine. Paris

上图

海伦妮·瑟伯特（Héléne Thibault）设计的饰有毛皮的黑色草帽。*Les Chapeaux de' La Femme Chic*，1927年

上图

海伦妮·瑟伯特设计的两款钟形帽。*Les Chapeaux de' La Femme Chic*, 1927年

右页图

伦敦汉诺威广场上雷维尔的创作，一件紧身浅灰绿色套头衫，配驾驶手套，约1928

下图

时尚帽子精选，包括钟形帽、贝雷帽和紧贴头部的无边帽。*The New Silhouette from Paris*，纽约汉密尔顿服装公司目录，约1929年

下图

时尚钟形帽精选。*The New Silhouette from Paris*，汉密尔顿服装公司。纽约目录，约1929年

Imported Felt

ANY HAT on this page only $1.59 POSTAGE PAID

VALUE $3.00

Real Imported FELTS and High Grade VELVETS only $1.59 Postage Paid

2H13 $1.59

Imported Felt 2H14 $1.59

Lyon's Type Velvet

2H13 Lovely **Silk-faced Lyon's Type Velvet** fashions this alluring little close-fitting hat. The front brim, slashed at the side, is turned back against the smooth-fitting sectional crown, framing the face most becomingly, and finished with a novelty pin ornament. At the side the brim hugs the neck closely and disappears at center back. Sectional crown fits head without a wrinkle. **Black only.** Head sizes, 22 to 23 inches. **Postpaid** $1.59

2H14 Here is one of our specials! Designed in our own studio with true Parisian chic and youthful charm and priced within the reach of the most modest purse. Made of fine **Imported Felt** body with lustrous Soleil finish, brimless in front (in accord with the prevailing mode) and turned back modishly at each side and narrowed toward back. A dashing tailored bow of wide gros grain ribbon in back gives just the right touch of smart dressiness. **Beige or Black.** Head sizes, 22 to 23 inches. **Postpaid** $1.59

2H12 Lyon's Type Velvet $1.59

2H18 $1.59

2H15 Satin and Velvet $1.59

2H15 The older woman will appreciate the smart chic and the wonderfully low price of this very stylish tailored hat. It features the flattering close fitting brim, becomingly turned up in back and a chic draped crown of rich gleaming **Satin.** For a touch of ultra smartness, we trimmed the front with matching Velvet, piped with gilt kid effect and added a handsome rhinestone ornament in front. Will please the most conservative taste and also the most modest budget. **Beige or Black.** Head sizes, 22 to 23½ inches. **Postpaid** $1.59

Imported Felt

2H19 $1.59

Imported Felt

2H18 She, who wears this stunning hat will be delighted with its dashing smartness. It will give just the right touch of chic to any costume. There is a world of becomingness in the swagger turn-up of the front brim which sweeps in graceful lines to meet the close-fitting side brim which hugs the neck in the most approved manner. The novelty pin ornament in front gives just the right touch of colorful contrast. For material we used a splendid quality of fine **All-Wool Felt** body with smooth Soleil-finish and tailored it for smart style and long service. Smooth fitting, flatteringly youthful and very low priced. **Beige, Navy or Black.** Head sizes, 22 to 23 inches. $1.59

2H19 Youthful chic and wonderfully low price combine to make this hat a truly remarkable offering. It features the vogue of the "off-the-face" model, so alluringly flattering and smart. To accent the beauty of the hat material, lovely Soleil-finished **All-Wool Imported Felt,** we slashed the turned back front brim and trimmed it with narrow bands of gold cloth and finished it at the side with a row of small felt button-ornaments. The side brim hugs the neck closely and narrows modishly at center back. **Red, Beige or Black.** Head sizes, 22 to 23 inches. **Postpaid** $1.59

Imported Felt 2H17 $1.59

2H20 $1.59 Imported Felt

2H20 A hat for the more conservative woman with all the smart chic of a more expensive model, and just as carefully tailored. Made of smooth Soleil-finish **All-Wool Imported Felt** body with creased crown and turned-up back brim for soft lines and flattering becomingness. The contrasting grosgrain ribbon banding and dashing tie ends in front, accent the smart dressy tailored style of the hat. A very smart utility hat at a most attractive price. **Beige or Black.** Head sizes, 22½ to 23½ inches. **Postpaid** $1.59

FTH AVENUE, NEW YORK Page 21 A style is here that is sure to please you!

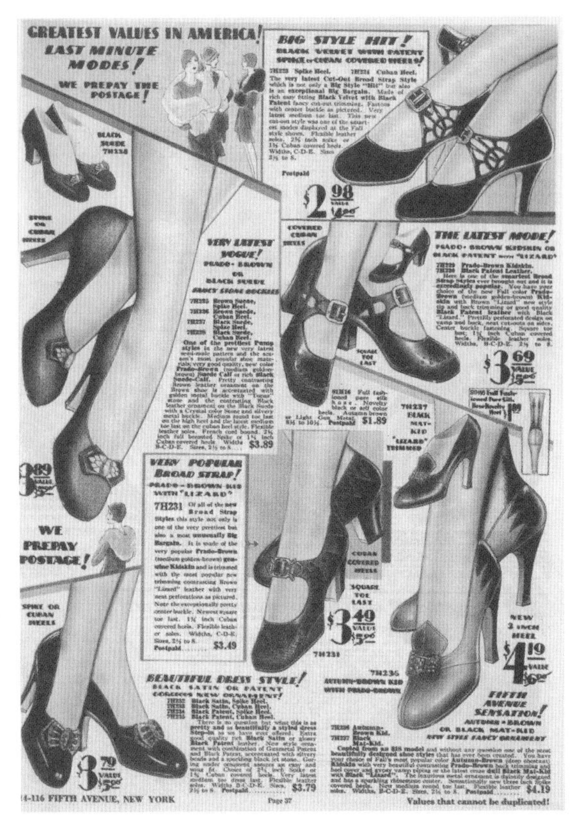

上图、右页图

时尚鞋子精选。*The New Silhouette from Paris*，纽约汉密尔顿服装公司目录，约1929年

A PAGE of SENSATIONAL VALUES!
VERY LATEST STYLES!
WE PREPAY ALL POSTAGE!
SPIKE OR CUBAN COVERED HEELS
SPECIAL BARGAIN!
BLACK VELVET OR PATENT
WONDERFUL VALUE!
BLACK VELVET OR PATENT
$2.98
$2.98
COTTAGE SHANK
LONG COUNTERS
ARCH SUPPORT STYLE
TURN SOLE
BLACK PATENT OR COLORED KID
ARCH SUPPORT STYLE
$3.75
$1.79
$2.98
COVERED HEELS
RUBBER HEELS
VERY MODISH STYLE!
PRETTY BOUDOIR SLIPPERS!
SIERRA-BROWN KID or BLACK PATENT
GREAT BARGAIN!
TAN OR GRAY WATERPROOF CLOTH
SENSATIONAL NEW ARCTICS!
BEIGE WITH TAN TRIMMING
ALL RUBBER
7H202
$1.89
HAMILTON GARMENT CO., INC.

SEASON'S BIGGEST STYLE HIT!
THE "ZEPPELIN" TIE
BLACK PATENT LEATHER
HAMILTON'S WONDER STYLES!
DIRECT FROM FIFTH AVENUE!
WE PREPAY THE POSTAGE!
BLACK PATENT LEATHER
SPIKE OR CUBAN COVERED HEELS
$3.69
FASHION'S LATEST PUMP!
7H216
7H217
CUBAN COVERED HEELS
SENSATIONAL! NEW PUMP!
BLACK VELVET OR BLACK PATENT
7H212
7H213
7H214
7H215
SPIKE OR CUBAN HEELS
$3.98
$3.29
NEW YORK'S CRAZE!
7H220
7H221
$3.29
WE PREPAY POSTAGE!
Spike Covered Heels
CUBAN COVERED HEELS
COVERED SPIKE HEELS
$3.98
$3.98
$3.98
BRAND NEW STRAP MODE!
BLACK MAT-KID with PATENT
7H222
7H218
7H219
Follow instructions on Order Blank, we guarantee the fit!
HAMILTON GARMENT CO., INC.

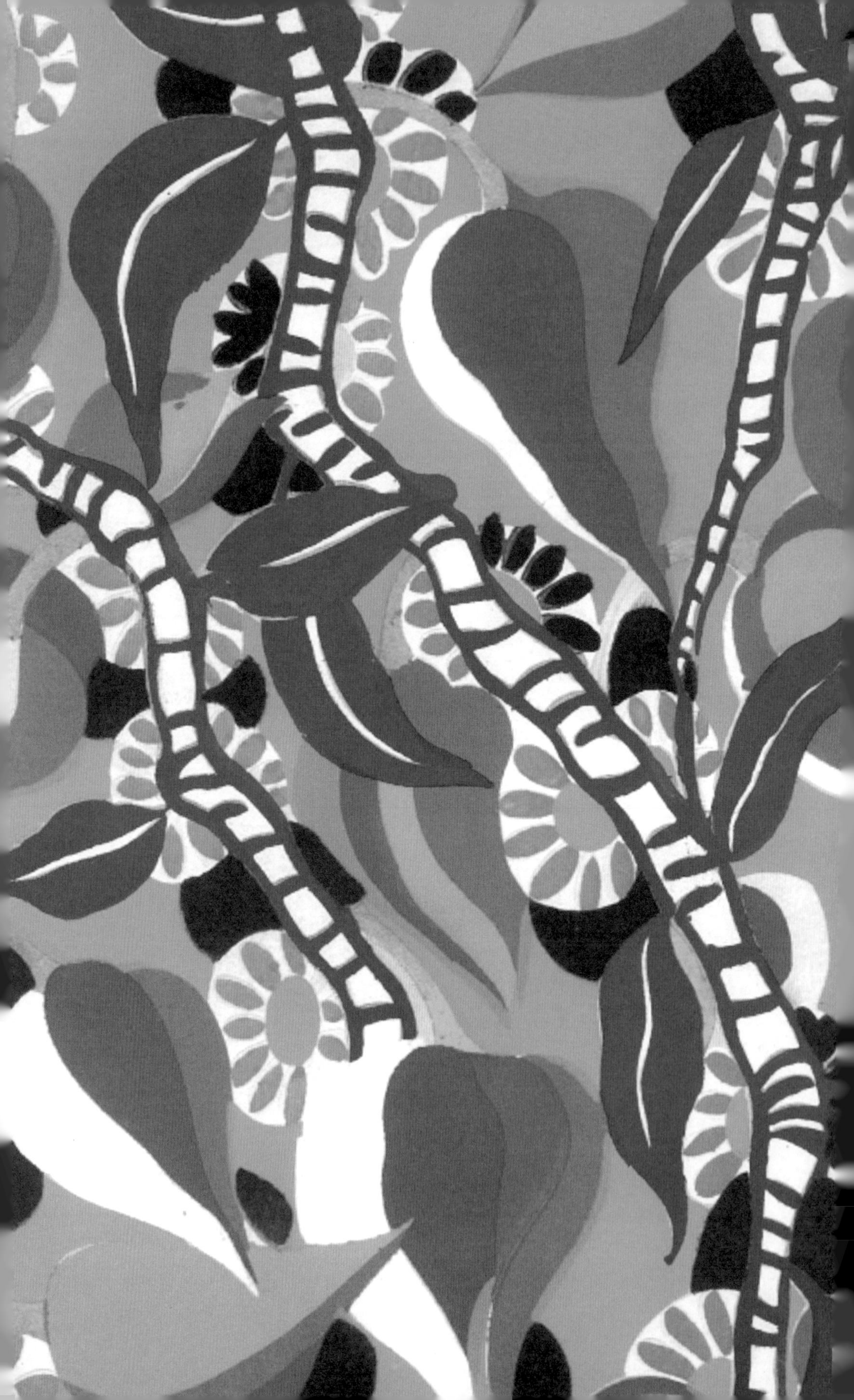

其他

下图、右页图

好莱坞女演员艾格尼丝·艾瑞丝身着兰伯特设计的白色雪纺连衣裙，裙子上点缀着黑白亮片。这款连衣裙是她在1927年的喜剧电影《夏娃的情书》中所穿的戏服，1927年

四款饰有刺绣或镂空细节的衬衫。*Paris-Blouses*，1920年

n DROUET, Éditeur. *Paris-Blouses.* 6, Rue Ventadour, PARIS (1er arrt)

右页图
柔软而低调的“Le Select”束身内衣广告。*L'Illustration des Modes*，1920年

"LE SELECT"

corset parisien par excellence

"Le Select" n'est plus le rigide corset
c'est un gracieux soutien souple et discret

en vente à paris dans les grands magasins du louvre et du printemps
et en province dans toutes les bonnes maisons

LIBRON & Cie, Manufacture de Corsets, 54, Avenue de Clichy, PAR

30

左页图

束身衣广告词：“未来的时尚，穿柔软的Le Select束身衣”。这种贴合身形曲线的弹性束身衣，可以塑造出更具时代感的时尚廓型。它可穿在薄纱睡衣外面，还配有吊袜带可用来连接长筒袜，随着裙摆的提升，它变得越来越流行。*La Nouveauté Francaise*，1921年

下图

内衣精选。*La Nouveauté Francaise*，1921年

右图、右页图

范·阿特拉设计的装饰有褶皱饰边的晨衣。安德伍德和安德伍德摄影，约1923年

内衣精选。卢浮宫百货商品图录，1925年

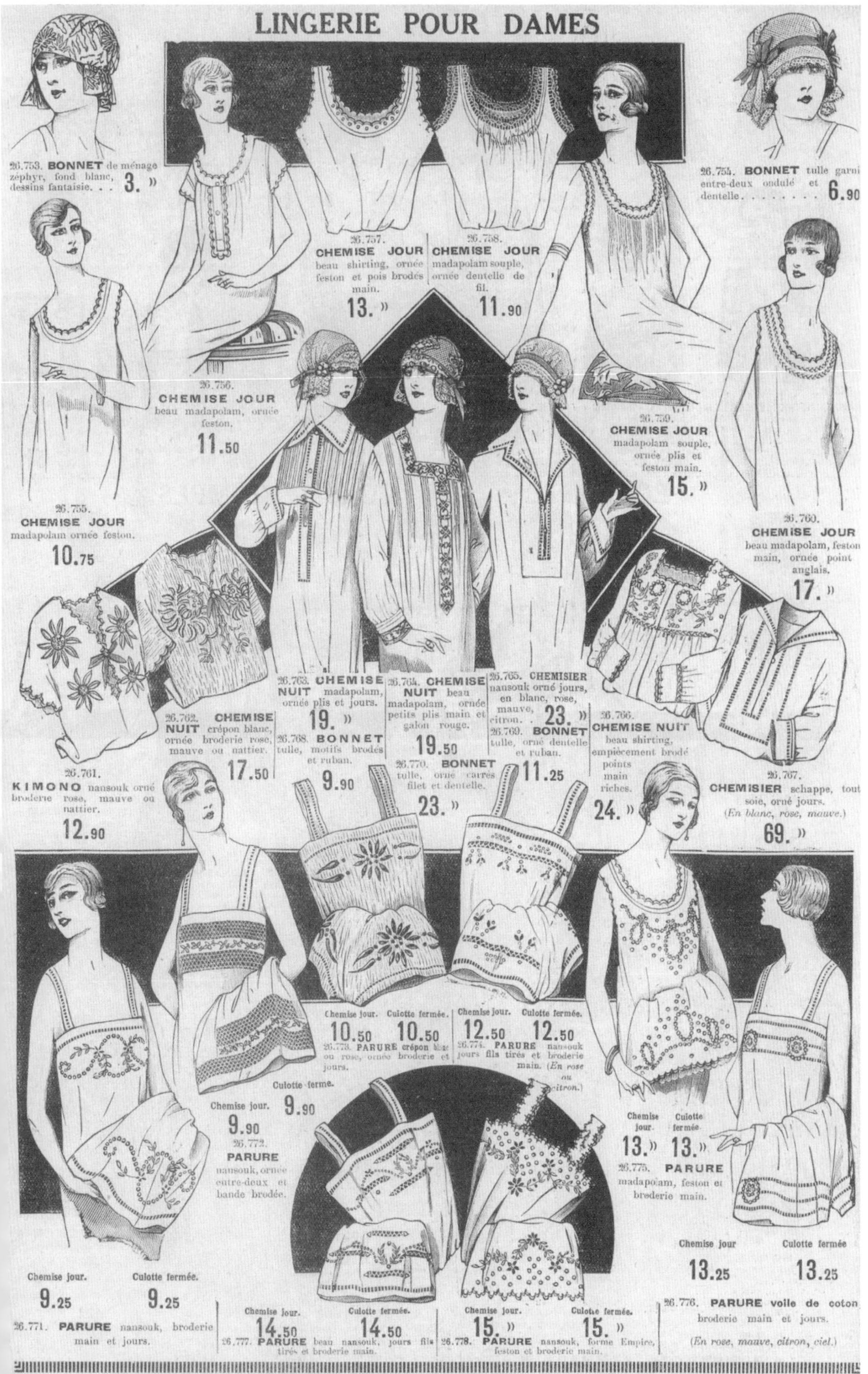

LINGERIE POUR DAMES
26.753. BONNET de ménage zéphyr, fond blanc, dessins fantaisie. . . 3. »
26.754. BONNET tulle garni entre-deux ondulé et dentelle. 6.90
26.757. CHEMISE JOUR beau shirting, ornée feston et pois brodés main. 13. »
26.758. CHEMISE JOUR madapolam souple, ornée dentelle de fil. 11.90
26.756. CHEMISE JOUR beau madapolam, ornée feston. 11.50
26.759. CHEMISE JOUR madapolam souple, ornée plis et feston main. 15. »
26.755. CHEMISE JOUR madapolam ornée feston. 10.75
26.760. CHEMISE JOUR beau madapolam, feston main, ornée point anglais. 17. »
26.763. CHEMISE NUIT madapolam, ornée plis et jours. 19. »
26.764. CHEMISE NUIT beau madapolam, ornée petits plis main et galon rouge. 19.50
26.765. CHEMISIER nansouk orné jours, en blanc, rose, mauve, citron. . 23. »
26.762. CHEMISE NUIT crépon blanc, ornée broderie rose, mauve ou nattier. 17.50
26.768. BONNET tulle, motifs brodés et ruban. 9.90
26.770. BONNET tulle, orné carrés filet et dentelle. 23. »
26.769. BONNET tulle, orné dentelle et ruban. 11.25
26.766. CHEMISE NUIT beau shirting, empiècement brodé points main riches. 24. »
26.761. KIMONO nansouk orné broderie rose, mauve ou nattier. 12.90
26.767. CHEMISIER schappe, tout soie, orné jours. (En blanc, rose, mauve.) 69. »
Chemise jour. 10.50 Culotte fermée. 10.50
26.773. PARURE crépon blanc ou rose, ornée broderie et jours.
Chemise jour. 12.50 Culotte fermée. 12.50
26.774. PARURE nansouk jours fils tirés et broderie main. (En rose ou citron.)
Chemise jour. 9.90 Culotte fermée. 9.90
26.772. PARURE nansouk, ornée entre-deux et bande brodée.
Chemise jour. 13. » Culotte fermée. 13. »
26.775. PARURE madapolam, feston et broderie main.
Chemise jour. 9.25 Culotte fermée. 9.25
26.771. PARURE nansouk, broderie main et jours.
Chemise jour. 14.50 Culotte fermée. 14.50
26.777. PARURE beau nansouk, jours fils tirés et broderie main.
Chemise jour. 15. » Culotte fermée. 15. »
26.778. PARURE nansouk, forme Empire, feston et broderie main.
Chemise jour 13.25 Culotte fermée 13.25
26.776. PARURE voile de coton broderie main et jours.
(En rose, mauve, citron, ciel.)

La lingerie du LOUVRE se recommande par sa qualité et le soin mis à son exécution.

N° 703 · COMBINAISON OPÉRA
bord côtes en beau jersey soie, haut ajouré.
Se fait en : blanc, rose et mauve.
Prix : frs 135. »
La culotte assortie, bord côtes.
Prix : frs 105. »
703
705
N° 705 CHEMISE CULOTTE
forme enveloppe, en beau jersey fil mercerisé.
Se fait en : blanc, rose, mauve.
Prix : frs 45. »
La culotte, bord côtes.
Prix : frs 39. »
La combinaison Opéra, bord côtes
Prix : frs 55. »
701
N° 701 - PARURE
en toile fil et soie, belle broderie et jours main, belle dentelle imitation.
Se fait en: rose, ivoire, corail et mauve.
Prix : frs 165. »
707
N° 707 - CHEMISE OPÉRA
en beau jersey fil et soie.
Se fait en : blanc, rose et mauve
Prix : frs 49. »
La culotte forme bouffant, avec cocarde.. .. .. .. frs 55. »
La culotte bord côtes. frs 49. »
La combinaison Opéra bord côtes. .. .. frs 55. »

上图

葛达时装屋内衣精选。葛达时尚屋目录，约1925年

上图

英国塞拉尼斯有限公司人造真丝内衣广告，
1926年

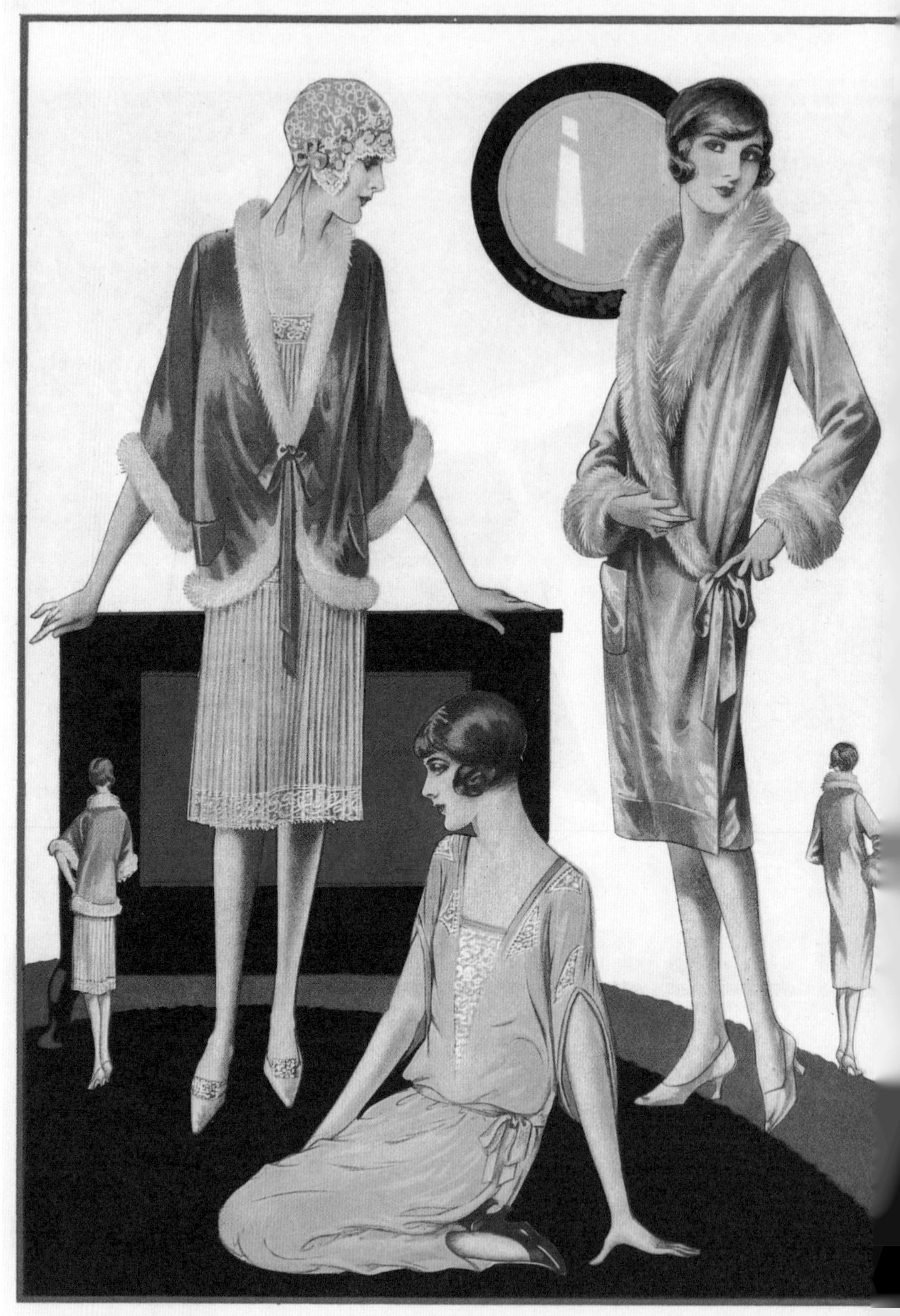

Pattern No. 40,183 Pattern No. 40,184 Pattern No. 40,185

Other

左页图

饰有天鹅绒毛镶边的丝缎闺房小上衣，睡衣和饰有秃鹳毛镶边的睡袍。*Fashions for All*, 1927年

下图

晨衣、睡衣外套及家居大衣精选。*Paris-Blouses*, 1920年

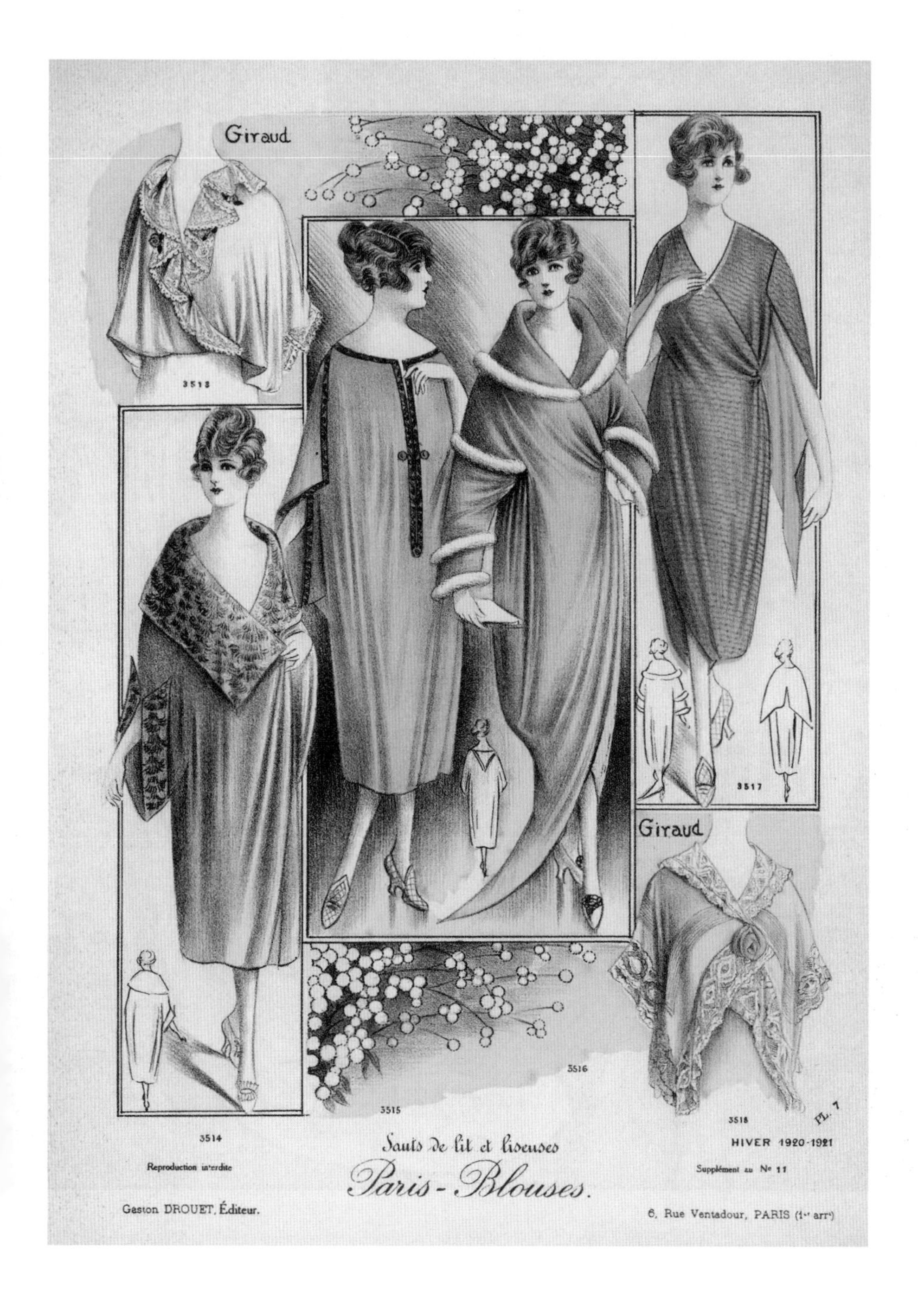

Other

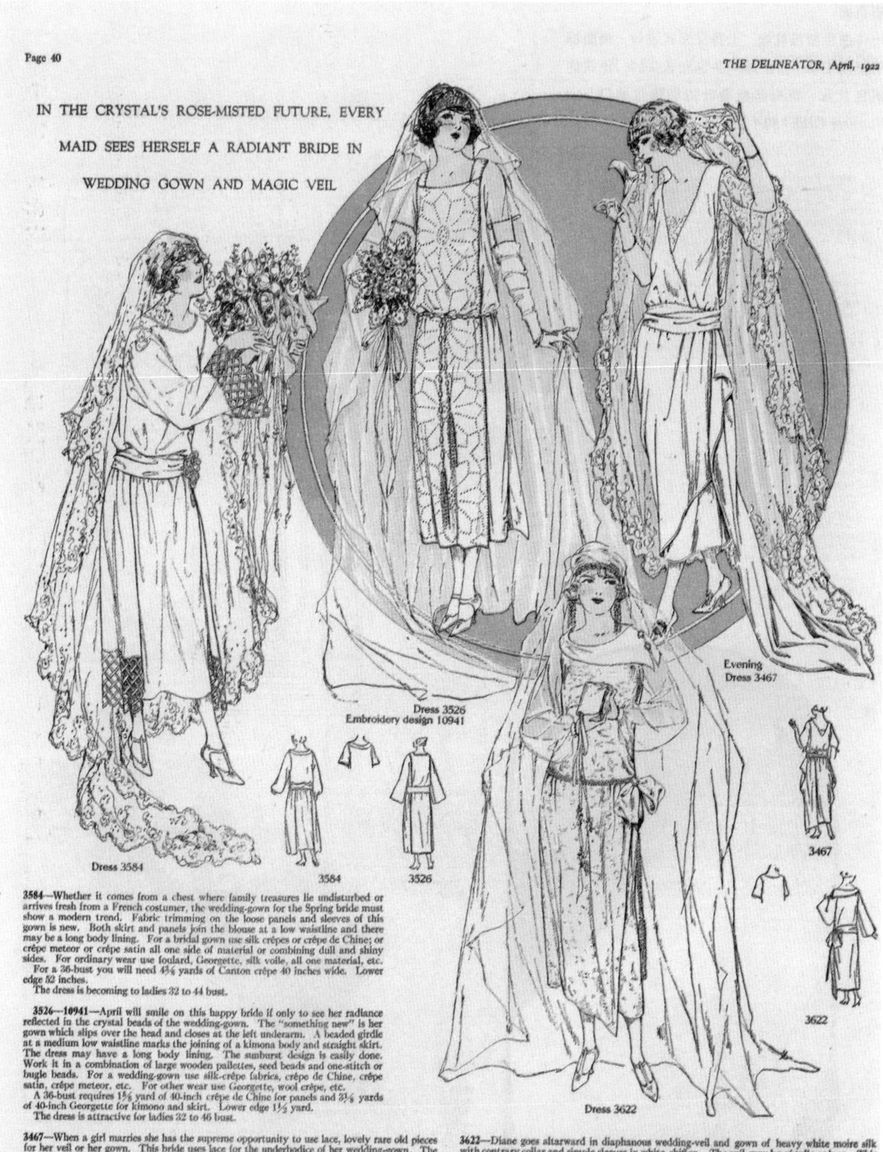

Page 40 THE DELINEATOR, April, 1922

IN THE CRYSTAL'S ROSE-MISTED FUTURE, EVERY MAID SEES HERSELF A RADIANT BRIDE IN WEDDING GOWN AND MAGIC VEIL

3584—Whether it comes from a chest where family treasures lie undisturbed or arrives fresh from a French costumer, the wedding-gown for the Spring bride must show a modern trend. Fabric trimming on the loose panels and sleeves of this gown is new. Both skirt and panels join the blouse at a low waistline and there may be a long body lining. For a bridal gown use silk crêpes or crêpe de Chine; or crêpe meteor or crêpe satin all one side of material or combining dull and shiny sides. For ordinary wear use foulard, Georgette, silk voile, all one material, etc.
For a 36-bust you will need $4\frac{3}{8}$ yards of Canton crêpe 40 inches wide. Lower edge 52 inches.
The dress is becoming to ladies 32 to 44 bust.

3526—10941—April will smile on this happy bride if only to see her radiance reflected in the crystal beads of the wedding-gown. The "something new" is her gown which slips over the head and closes at the left underarm. A beaded girdle at a medium low waistline marks the joining of a kimona body and straight skirt. The dress may have a long body lining. The sunburst design is easily done. Work it in a combination of large wooden paillettes, seed beads and one-stitch or bugle beads. For a wedding-gown use silk-crêpe fabrics, crêpe de Chine, crêpe satin, crêpe meteor, etc. For other wear use Georgette, wool crêpe, etc.
A 36-bust requires $1\frac{5}{8}$ yard of 40-inch crêpe de Chine for panels and $3\frac{1}{8}$ yards of 40-inch Georgette for kimono and skirt. Lower edge $1\frac{1}{2}$ yard.
The dress is attractive for ladies 32 to 46 bust.

3467—When a girl marries she has the supreme opportunity to use lace, lovely rare old pieces for her veil or her gown. This bride uses lace for the underbodice of her wedding-gown. The train of the draped skirt has taken a sidewise turn and a crushed girdle softens the effect of a slightly low waistline. For a wedding-frock use heavy silk crêpe, crêpe de Chine, crêpe meteor,

3622—Diane goes altarward in diaphanous wedding-veil and gown of heavy white moire silk with contrary collar and simple sleeves in white chiffon. The veil may be of tulle or lace. This dress slips over the head and the two-piece skirt joins the blouse at a low waistline. It may be made without a blouse body lining. For such a gown use moire all one material or with con-

左页图

“A la ville voisine”（前往邻近的小镇），珍妮·浪凡设计的新娘礼服。插图:皮埃尔·布里索。*Gazette du Bon Ton*，1921年

上图

四款饰有蕾丝，配头纱的精致的新娘礼服。*The Delineator*，1922年

右页图

一件白色新娘礼服，上身交叉式设计，侧面饰有抽褶细节，搭配珍珠头饰和长头纱；正式的黑色礼服，饰有蕾丝荷叶边和蕾丝袖口。*La Femme Chic*，约1924年

左页图

女演员贝蒂·布朗森身穿新娘礼服，1928年。贝蒂·布朗森在主演的默片《慈悲的婚姻》中的装扮，此片在英国改名为《爵士新娘》

Mode Pratique
DANS CE N°
Mariages
Printaniers

左页图

设计有长拖尾配头纱的蕾丝新娘礼服。

Mode Pratique，1926年

下图

*L'illustration des Modes*的封面，比尔设计的乡村婚礼新娘礼服，1921年

左图

三名模特在伦敦西区的一家商店橱窗内的姿态展示，展示了最新款式的泳装和沙滩配饰，约1924年

右页图

好莱坞女演员雪莉·梅森身穿一件丝缎连体式泳衣，头戴相配的帽子，搭配一件西班牙风格的蜡染印花流苏披肩。国际新闻片照片，约1924年

43-151

上图

Other

“Leyland泳帽”广告，约1927年

上图

这张照片拍摄于英国谢菲尔德的一个公共游泳池，约1925年

L

左页图、上图

“Remords”（悔恨），狩猎装。莫里斯·勒罗伊（Maurice Leroy）绘制的插图。*Gazette du Bon Ton*，1920年

两款让·巴杜设计的海滩或高尔夫套装插图广告。*L'Illustration des Modes*，1922年

左图

三个身穿网球服的女人。*Le Petit Echo de la Mode*，1921年

图、右图
马裤款滑冰套服，1924 年

运动套装，可能是滑冰或步装，是马裤搭配侧开衩式套衫裙的组合，约1924年

右页图

时尚滑雪套装，配齐膝袜，设计有系扣领巾式的前门襟，搭配毛皮帽子和围巾，约1926年

A 25069

上图

模特身穿针织运动外套，颜色类似于阿斯特拉罕毛皮的火焰橙色，下身搭配一条针织裙，约1924年

MODE-SPORT
Planche 7
Printemps-Été 1929
Sur une robe de crépella rouge vif, une veste de cuir
couleur ficelle. — En peau rouge, cette veste se
tonnant jusqu'au col, est resserrée par une
ceinture. — Une vareuse en épais drap-cuir
de forme chic et nette. — Petite jaquette en
Suède, garnie de poches à soufflets, col et
tailleur.

上图

四款皮夹克搭配半裙的运动套装，适合驾驶和飞行。*La Mode-Sport*，约1929年

Créations Jenny

Pour la plage, une jolie robe en kasha beige brodée de lignes de soie marron, orange, beige blanc, effet de plastron lacé, col de gros-grain orangé. — Deux-pièces en jersey blanc tissé rouge et bleu garni de bleu uni pour le pull-over, la jupe plissée est en crêpe de Chine bleu. Cette jupe de marocain noir d'un effet très chic se porte avec un sweater en jersey vert orangé réappliqué de marocain noir.

LA MODE-SPORT

Planche 11

Printemps-Été 1929

Sur une jupe en forme, en voile de laine rose Chine, un jumper à impressions blanches et noires. — Un joli deux-pièces en lainage uni canari pour la jupe et orné de cubes noirs, blancs et verts, sur un côté du sweater. — Un ensemble de forme droite en lainage angora blanc, imprimé sur le jumper de gros pois de faille dégradée verts cerclés de noir. — D'une allure juvénile, ce deux-pièces jaune est en marocain de laine se colorant sur le pull-over de rose cerné de noir et d'une fleur rose, verte et noire.

Modèles des Tissus d'Art

8, rue de Lévis

左页图

珍妮设计的三款沙滩套装。*La Mode-Sport*，约1929年——米色卡沙细呢刺绣连衣裙；饰有红色领巾的蓝色拼白色针织衫，搭配蓝色双绉百褶裙；后片褶饰连衣裙搭配绿色拼橙色针织衫

上图

四款运动装，包括连衣裙、针织衫配半裙套装。*La Mode-Sport*，1929年

LA MODE-SPORT

Printemps-Été 1929

Planche 5

Créations Jane Regny

Un ensemble très réussi en lainage brun tabac, et tricot beige pour le sweater, lequel s'ouvre à l'encolure ouverte en pointe, sur un plastron à petit col rond en crêpe de Chine du ton, ceinture de cuir fermée par une large boucle dorée. — D'un joli rouge brique ce trois-pièces comporte une jupe en forme, une veste vague garnie de franges découpées à même le tissu, le pull-over en tricot blanc, bleu et brique est ceinturé de cuir.

上图、右页图

简·雷格尼设计的四款运动套装。*La Mode-Sport*, 1929年

伯莎·赫尔曼希设计的四款真丝网球服。*La Mode-Sport*, 1929年

naturelle

le tennis. — Rien de plus pratique et de plus joli que les tissus de soie naturelle. Souples et ne se déformant pas, ils résistent mieux que tous les autres, sous les coloris les plus délicats, aux ardeurs du soleil. — La première de ces robes est en belle toile de soie blanche; la seconde en shantung rose, ornée de piqûres de soie bleu de cobalt; la troisième, élargie de plis sur les côtés, est en crêpe de Chine blanc, ceinturée de Suède bleu; la quatrième, un charmant deux-pièces en soie schappe coupée de bandes de crêpe rouge et bleu. — Les légers tissus de soie naturelle, qui peuvent être lavés indéfiniment, sont les plus pratiques pour les sports et la campagne.

主要设计师生平

比尔（Beer）

巴黎定制时装屋

1905—1929年

德国设计师古斯塔夫·比尔搬到了巴黎，1905年创立了比尔时装屋，专门设计制作保守的女性日装和晚装，尤其以内衣系列闻名。古斯塔夫·比尔是第一位在旺多姆广场上开店的设计师。他常去大型豪华酒店向游客推销自己的作品，随着知名度的提高，他在意大利的尼扎和蒙特卡洛开设了高级定制沙龙。1931年，这家时装屋与艾格尼丝-德莱塞尔（Agnes-Drecoll）合并，比尔持续设计制作连衣裙直到1953年。时装屋位于巴黎旺多姆广场7 号。

爱丽丝·伯纳德（Alice Bernard）

巴黎定制时装屋

1916—1926年

人们对爱丽丝·伯纳德时装屋所知甚少，尽管它的设计在1920年代初的几家出版物中曾有过报道。1923年，这家时装屋的缝纫女工们因工资问题举行罢工，法国媒体对此进行了报道。时装屋位于巴黎弗朗索瓦大街40号。

伯纳德（Bernad et Cie）

巴黎定制时装屋

活跃于1920年代—1930年代

伯纳德最初成立于1905年，是由M.伯纳德（M. Bernard）与M.茹尔达（M. Jourda）和M.赫希（M. Hirsch）合作成立的制衣公司。该公司生产定制服装、午后礼服、晚礼服、大衣和皮草。他们的服装以优雅纤细的廓形和精致的细节而闻名。1915年，《纽约时报》称："伯纳德一直是一位美国客户的最爱，收藏有100多种款式。"当然，著名的美国百货公司邦维特·特勒（Bonwit Teller）也订购过许多伯纳德设计出品的时装，其价格高达550美元。该公司的全盛时期是在1910年代，一直持续经营到30年代中期。时装屋位于巴黎歌剧院大街33号。

简·布兰肖（Jane · Blanchot）

巴黎女帽公司

约1921—1949年

简·布兰肖是一名雕刻家，对雕刻工作非
入，同时也从事女帽设计师的工作，1910年
黎开设了一家女帽工坊。直到1960年代，如
坚持做帽子设计，并探索雕塑形式和创新结
对雕塑的热情也在她的珠宝创作中得到了
第二次世界大战后，作为巴黎时装工会的名
她一直在努力维护时尚行业内尽善尽美的
神。公司位于巴黎圣奥诺雷市郊路11号。

道维莱特（Doeuillet）

巴黎定制时装屋

1900—1939年

乔治·道维莱特1875年出生于法国。
他作为一名丝绸商人，后来在卡洛姐妹（S
Callot）那里接受培训，成为她们的业务经
后于1900年建立了自己的同名时装屋，
年的巴黎展会上展出自己的时装。他成为
设计制作袍服式（robe-de-styles）时装的
我们现在称这类款式为鸡尾酒会款礼服。
屋以精致的设计细节和复杂的工艺而著称
在每一季时装展示活动开始环节都会启用
特。1915年，他在自己的系列中加入了一
天鹅绒拼塔夫绸连衣裙，裙摆采用了时下
多层手帕式锯齿状下摆的设计，两年后又
桶形廓形。1919年，他推出新款礼服，直
色织锦缎宽松连衣裙和短裙，成为20年代
风向标。1926年，他推出最新时尚款的
款黑色丝缎连衣裙，裙身绣有花饰图案，
缘呈不规则式设计。*Gazette du Bon Ton*
他签订了独家合同，推广他的时装。1929
（Doucet）去世后，他接手了杜塞时装屋，
为两家时装屋工作了近十年。时装屋于
关闭。时装屋位于巴黎旺多姆广场24号。

德莱塞尔（Drecoll）

维也纳和巴黎定制时装屋

1900—1929年

比利时男爵克里斯托夫·范·德
（Christophe von Drecoll）于1896年在
立了德莱塞尔时装屋。该时装屋为奥地

"美好年代"(Belle Époque)时装。1902
莱塞尔高级定制时装屋在巴黎开业，由贝桑
·瓦格纳夫妇经营，他们买下了这家时装屋
所有权。1929年，他们的儿媳、设计师玛
夫(Maggie Rouff)接管了时装屋。1931
装屋再次合并，这次合并的对象是艾格尼丝
Maison Agnes)。艾格尼丝-德莱塞尔之家
1963年关闭。时装屋以两种截然不同的设
而闻名，在"美好年代"时期，专门设计制
华丽的漫步礼服、茶会礼服、加骨紧身胸衣
下摆的晚礼服。然而，在1920年代，设计
短款、简洁、优雅的连衣裙款式而闻名。时
于巴黎香榭丽舍大道130号和歌剧院广场
之后搬到了巴黎多姆广场24号。

特(Groult)
制时装屋
—1960年代初

罗·波烈的妹妹波琳·玛丽·波烈(Pauline
Poiret，1887—1966年)最初在她哥哥
受培训，之后以妮可·格鲁尔特(Nicole
为名建立了自己的时装屋，她嫁给了法
和家具设计师安德鲁·格鲁尔特(André
1884—1966年)，时装屋因此而得名。
款设计风格而闻名，一款是简单的，饰有彩
的黑色连衣裙，另一款是色彩鲜艳的茶会
时装屋位于巴黎安茹路29号。

eim)
级定制时装屋
1967年
级定制工坊(Maison Heim)
1969年

克·海姆(Jacques Heim)的职业生涯始
伊萨多(Isadore)的珍妮·海姆(Jeanne
皮草时装屋担任经理时。1925年左右，他
一个高级定制部门，负责设计制作大衣、西
服。1930年，他创办了自己的高级定制时
海姆从来没有把自己与某个特定的外观或
系在一起，这是他没有作为时尚创新者而
铭记的主要原因。相反，他的时装很容易与时俱进，这是该时装屋能长久维持的关键。从1958年到1962年，海姆担任巴黎时装工会主席。时装屋位于巴黎拉菲特大街48号。

珍妮(Jenny)
巴黎定制时装屋
1908—1938年

珍妮时装屋以其简单舒适的时尚运动装和休闲装而闻名。1927年，珍妮为法国小姐设计了全套服饰。1938年，珍妮·伯纳德(Jeanne Bernard)将她的公司与露西尔·帕雷(Lucile Paray)时装屋合并。1940年德国占领巴黎后，该时装屋最终关闭。伯纳德夫人于1961年去世，享年89岁。时装屋位于巴黎香榭丽舍大道70号。

珍妮·浪凡(Jeanne Lanvin)
巴黎时装设计师
1867—1946年

浪凡高级定制工坊
1909年至今

珍妮·浪凡曾分别在Madame Félix接受过女帽制作培训，在Talbot接受过女装制衣的培训。1909年，她成为时装工会的一员。在有人向浪凡索要她为女儿做的衣服的复制品后，她开始制作儿童服装。不久，她就为母亲们提供服装，设计母女服装成了她工作的主要内容。浪凡以其精致的袍服式(robes de style)设计而闻名——这些袍服式连衣裙的设计灵感源自历史风格的，内附有衬裙或裙撑的全长大裙摆式礼服。1920年代，浪凡开设了专门销售家居内饰和内衣的店铺。在1926年开设了一家男装精品店，并在1925年举办的国际装饰艺术与现代工业博览会上负责装饰优雅之厅(Pavilion d'Elegance)。在她死后，浪凡高级定制工坊传给了她的女儿玛格丽特·迪·彼得罗(Marguerite di Pietro)，至今仍在运营，并几经易手。高级定制工坊位于巴黎圣奥诺雷大街22号。

玛吉妮·拉克鲁瓦(Margaine-Lacroix)
巴黎时装设计师
约1889—约1929年

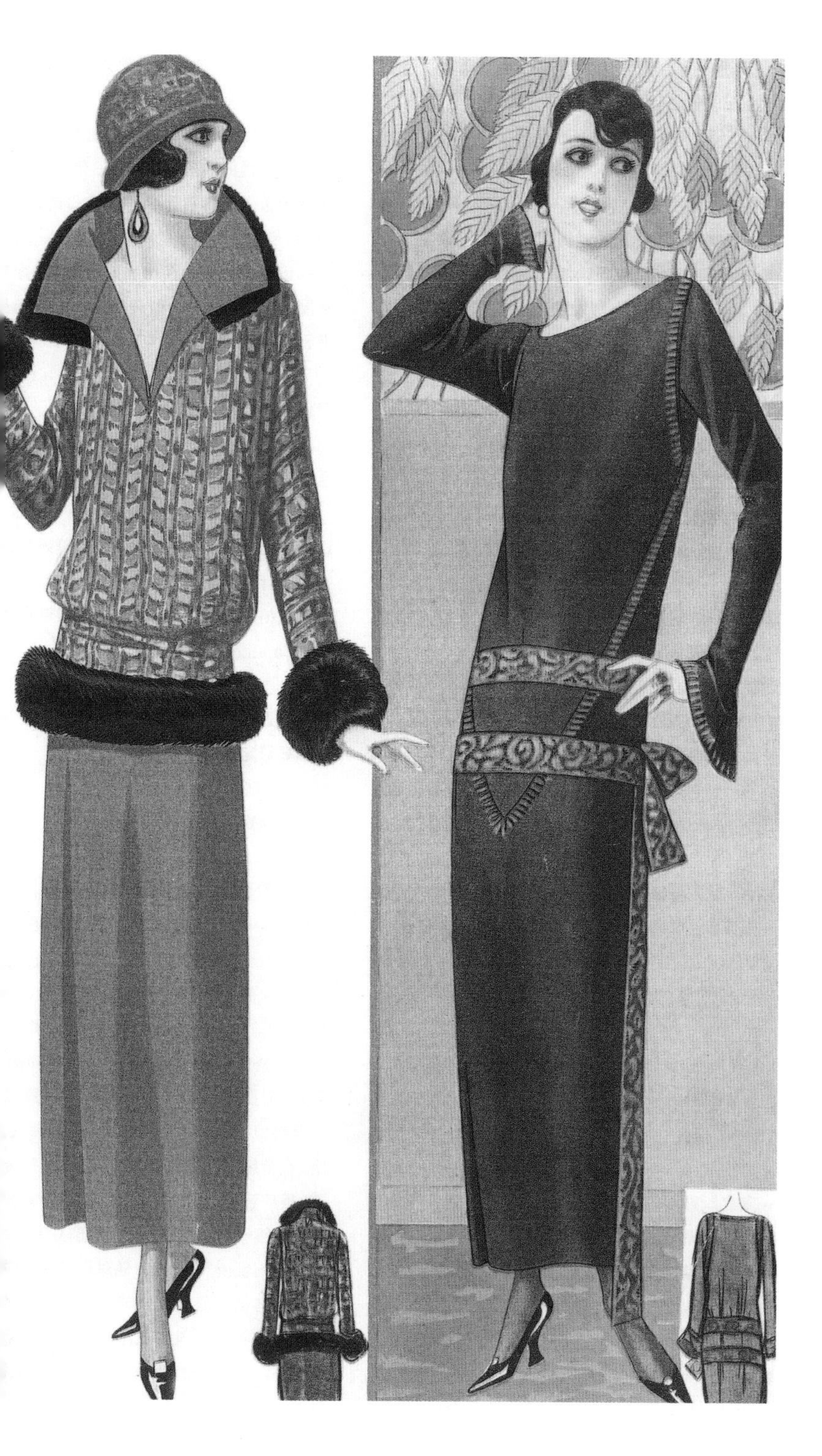

左图

初春的五款设计作品：威利姐妹的黑色连衣裙、让·巴杜的红色连衣裙、海姆的黑色大衣、让·巴杜的皮草镶边套头衫套装以及带一件棕色丝绉连衣裙配饰有图案的腰带。*Le Femme Chic*，约1925年珍尼·玛吉妮·拉克鲁瓦在“美好年代”时期成名。玛吉妮·拉克鲁瓦在1899年的巴黎展览会上获得了紧身胸衣设计金牌奖章。她创造了紧身连衣裙、开衩裙（1912年）、Sylphide 束身衣和腰身曲线玲珑有致的Sylphide连衣裙。1908年，三名模特穿着她的紧身帝国风格礼服在隆尚（Longchamp）赛马场被捕，原因是为了安全起见，她们的衣服被认为太过震撼（有些人认为这些衣服太紧了，当模特弯腰时两侧会裂开）。在第一次世界大战期间，她与艺术家阿尔伯特·马尔凯（Albert Marquet）合作，委托他创作了100个时尚玩偶，她给这些玩偶穿上了法国历史悠久的服装和地方服饰。Sue & Mare的路易斯·苏（Louis Sue）设计了这家店的室内装潢。店铺位于豪斯曼大道19号，后来搬迁到马里尼大道29号。

Martial et Armand
巴黎定制时装屋
活跃于1920年代—1940年代

早在1830年，巴黎的Martial et Armand就常被人们提及，但目前尚不清楚它当时在生产什么，也不清楚它与后来这家高级时装屋是否同属一家。1920年代的时尚杂志经常提到该时装屋称其专门设计出品高定连衣裙、皮草和内衣。在1924年左右，时装屋推出了自己的香水。1930年代，设计师保琳·特里格利（Pauline Trigere）曾在这家接受过培训。时装屋位于巴黎旺多姆广场10号和和平街13号。

巴杜（Patou）
巴黎定制时装屋
1919年至今

1912年，让·巴杜（1880—1936年）开了一家名叫波利屋（Maison Parry）的小裁缝店。在第一次世界大战中服役后，他回到巴黎，以自己的名字命名重新开业。巴杜最出名的是他的运动服和运动款时装。他为网球传奇人物苏珊·朗格伦（Suzanne Lenglen）设计场上和场下的服装。1925年，他在巴黎开了一家名为Le Coin des Sports（体育角）的精品店，店内有多个房间，每个房间专门陈列不同的运动服装。有航空、骑马、游泳、网球、高尔夫和其他几类运动服装和
并取得了巨大成功。随着休闲产业的兴起，巴
多维尔和比亚里茨的高档度假胜地开设沙
售他标志性的休闲时尚服装。他是第一位在
和运动服上装饰自己名字首字母的设计师
1928年推出了第一款防晒霜“Huile de Ca
后来该时装屋停止了推出时装系列，而是
水屋继续推出香水。时装屋位于巴黎圣弗
街7号。

伊莉斯·波莱特（Élise Poret）
巴黎女装设计师
活跃于1910年代—1920年代

伊莉斯·波莱特的知名度并不高，较为
设计是1910年代创作的优雅的美好年代
她还设计内衣和睡衣。在1920年代，她还
希腊风格的套装。时装屋位于巴黎嘉布遣
des Capucines）20号。

保罗·波烈（Paul Poiret）
巴黎高级定制时装设计师
1879—1944年
波烈高级定制工坊（Maison Poiret）
1903—1929年

波烈的设计生涯始于向玛德琳·切
（Madeleine Cheruit）出售设计草图。1
他受雇于时装设计师雅克·杜塞（Jacqu
cet），后来在1901年又受雇于沃斯高定
1903年，他建立了自己的时装屋，并以
和服风格大衣而闻名。最为人所熟知的
筒裙、窄摆裙、后宫闺阁灯笼裤和灯罩式
还有将女性从紧身胸衣和衬裙中解放
计。在营销和品牌推广方面，他同样有着
觉，推广设计师的生活方式，并创立了香
出他的第一款香水Rosine，还创立室内
取名为Atelier Martine。他对现代时尚的
在设计方面还是商业成就上都是令人敬
是最早将香水引入自己产品线的设计师
而，到了1920年代，他的豪华东方时装
更理性的风格所取代。波烈参加了1925
际装饰艺术与现代工业博览会”，他在塞

船上展示了他的作品，然而，如此昂贵的展览是一场财政灾难，高级定制工坊最终被迫在年关闭。高级定制工坊位于巴黎香榭丽舍环场交叉口1号。

et
定制时装屋
—1931年

洛特夫人（Madame Charlotte）经常被称黎最美丽的女人，她淡紫色的头发很具有辨1918年接替莱夫兰克夫人（Mme · Le-成为Premet时装屋的首席设计师。时装923年的“男孩子气”（La Garçonne）设名，这是一款简单的黑色连衣裙，有白色的袖口。据说，仅在美国就售出了一百多万emet的设计提升了裙摆高度，开创性的低剪裁，以及使用轻薄飘逸的面料被誉为是年代“男孩子气造型”的引入者。1923年，克雷布斯（Germaine Krebs，后来被称为阿Alix，再后来是格蕾斯夫人Madame Grès）接受了几个月的培训。1928年，Premet与造商埃尔金（Elgin）合作，为美国市场生产独家设计。时装屋位于巴黎旺多姆广场8号。

n
伦敦定制时装屋
成立）—1940年

尔斯·波因特·雷德芬（Charles Poynter，1850—1929年）是英国设计师约德芬（John Redfern）的儿子，约翰曾是亚女王和许多英国贵族的制衣师。1881斯·波因特·雷德芬在巴黎建立了自己的以其优雅的蓝色女士套装以及为女演员恩哈特（Sarah Bernhardt）设计的精致闻名。他还雇用了极具魅力的销售助理来时装，他们被称为“雷德芬兔”（Red-nnies）。他的定制客户主要是面向那些参月份举行的著名的考斯帆船周（Cowes的群体。他的儿子欧内斯特（Ernest）负责敦的时装分部，而雷德芬自己则负责巴黎。他们在考斯、伦敦、爱丁堡、曼彻斯特、巴黎、尼斯、艾克斯莱班、戛纳、纽约、芝加哥和纽波特，还有罗德岛都设立有分店。1892年，John Redfern & Sons正式成立，并由此开始从成功的女装裁缝店发展成为与沃斯（Worth）齐名的国际高级定制时装屋。该时装屋在英国最重要的时尚杂志上大张旗鼓地刊登广告，以培养忠实的客户群体，使“Redfern”成为世界各地女性理想的时装。到1885年，雷德芬开始设计推出游艇服、骑马服和旅行服，他还是维多利亚女王官方指定的制衣师，俄罗斯女皇也是他的重要客户。1916年，雷德芬为红十字会设计了第一套女式制服。1911年，他宣称“有文化的美国女士是世界上穿得最好的女士”，在1920年代，他继续创造出优雅但有些阴郁的时装。雷德芬时装屋于1932年关闭，1936年短暂地重新开放，1940年再次关闭。时装屋位于巴黎里沃利大街242号和伦敦老邦德街27号。

简·雷格尼（Jane Regny）
巴黎定制时装屋
活跃在1920年代—1930年代

简·雷格尼是高尔夫球和网球爱好者，任Annuaire des Golfs的体育编辑，专门从事运动款式的时装设计。在1920年代和1930年代，她因其舒适和时尚的设计而与香奈儿和巴杜一样知名和成功。时装屋位于巴黎拉博埃西路11号。

雷维尔（Reville）
伦敦定制时装屋
1906—1949年

威廉·华莱士·特里·雷维尔（William Wallace Terry Reville）先生和罗西特（Rossiter）小姐在1906年创立了雷维尔时装屋，他们之前都曾是Jay's百货公司的买手。该时装屋曾以多个名字经营，是玛丽女王的御用服装制造商，并在1911年为玛丽女王设计了加冕礼袍。威廉·华莱士·特里·雷维尔（William Wallace Terry Reville）是时装屋的设计师，而罗西特负责运营。1910年，时装屋获得了皇家授权，这也确保了伦敦社会主流阶层都成了该时装屋的重要客户。到了1920年代，雷维尔的服装似乎已经过时了，因为他们的设计不像一些竞争对手那样无缝地适应新的现代风格，该时装屋最终在30年代末与沃斯（Worth）的伦敦分部合并。时装屋位于伦敦汉诺威广场15—17号。

苏珊娜·托尔伯特（Suzanne Talbot）
巴黎女装和定制女帽设计师
约1914—约1947年

苏珊娜·托尔伯特的真名是马蒂厄·利维（Mathieu Levy）夫人，她被认为是20世纪最重要的女装制作者之一。浪凡曾是她的学徒，她是艾琳·格雷（Eileen Gray）的早期赞助人，并于1919年委托格雷设计她在巴黎罗塔街（Rue de Lota）的时髦公寓。女装店位于巴黎皇家大街10号。

威利姐妹（Welly Soeurs）
巴黎定制时装屋
活跃在1920年代—1930年代

威利姐妹时装屋是由塞西尔·威利（Cécile Welly）和她的妹妹创建的，专注于高级定制时装和运动装。前者还负责创建了儿童时装屋，名为Mignapouf。时装屋位于巴黎圣奥诺雷大街21号。

沃斯（Worth）
巴黎高级定制时装屋
1858—1956年

查尔斯·弗雷德里克·沃斯（Charles Frederick Worth ,1825—1895年）于1858年在巴黎建立了第一家高级定制时装屋，为客户准备季节性的设计图册供客户选择并量身定制。沃斯时装屋得到了欧仁妮（Eugénie）皇后和波琳·冯·梅特涅（Pauline von Metternich）公主的皇室支持。这家时装屋以其精美的设计和制作工艺而闻名。1924年，它也是最早将自己的名字扩展到奢侈香水的高级时装屋之一。在沃斯去世后，他的儿子加斯顿-卢西恩（Gaston-Lucien）和让-菲利普（Jean-Phillipe）接管了时装屋，并于1956年与Paquin合并，当时距离该时装屋成立100周年仅差两年时间。时装屋位于巴黎和平街7号。

下图

各式冬季服装的插图。*La Mode*, 1920年

24
25
Lion.
4076

名词翻译索引

参考文献

1920s Fashions from B.Altman and Company, Dover Publications, 1999

Baudot, F., *A Century of Fashion*, Thames & Hudson, 1999

Blackman, C., *20th Century Fashion: The 20s and 30s Flappers and Vamps*, Heinemann Library

Blum, S. *Everyday Fashions of the 20's* (Dover Books on Costume), Dover Publications, 1999

Chadwick, W., *The Modern Woman Revisited: Paris between the Wars*, Rutgers University Press, 2003

Chahine, N., *Beauty: The 20th Century*, Universe, 2000

Chenoune, F., *Hidden Femininity: 20th Century Lingerie*, Assouline, 1999

Entwistle, J., *The Fashioned Body: Fashion, Dress and Modern Social Theory*, Polity Press, 2000

Gaines, J. & Herzog, C., *Fabrications: Costume and the Female Body*, Routledge, 1990

Herald, J., *Fashions of a Decade: 1920s*, Facts of File Inc., 2006

Hollander, A., *Seeing Through Clothes*, University of California Press, 1993

Horwood, C., *Keeping Up Appearances: Fashion and Class Between the Wars*, The History Press, 2011

Kirke, B., *Madeleine Vionnet*, Chronicle Books, 1998

Langley, S. & Dowling, J., *Roaring '20s Fashions: Deco*, Schiffer Publishing, 2005

Lehmann, U., *Tigersprung : Fashion in Modernity*, MIT Press, 2000

Lehnert, G., *A History of Fashion in the 20th Century*, Konemann, 2000

Mackrell, A., *Coco Chanel*, Holmes & Meier, 1992

Martin, R., *Cubism and Fashion*, Metropolitan Museum of Art, 1998

Martin, R. & Koda, H., *Orientalism: Visions of the East in Western Dress*, Metropolitan Museum of Art, 1994

Mendes, V. & de la Haye, A., *20th Century Fashion*, Thames & Hudson, 1999

Muller, F., *Art & Fashion*, Thames & Hudson, 2000

Pattison, A & Cawthorne, N., *A Century of Shoes: Icons of Style in the Twentieth Century*, Chartwell Books, 1997

Rasche, A., *STYL: The Early 1920s German Fashion Magazine: Das Modejournal der frühen 1920er Jahre*, Arnoldsche, 2009

Richards, M., *Chanel: Key Collections*, Hamlyn, 2000

Steele, V., *Paris Fashion: A Cultural History*, Berg, 1988

Stewart, M., *Dressing Modern Frenchwomen: Marketing Haute Couture, 1919-1939*, The John Hopkins University Press, 2008

Vassiliev, A., *Beauty in Exile: the Artists, Models and Nobility who fled the Russian Revolution and influenced the World of Fashion*, Abrams, 2000

Watson, L., *"Vogue" Twentieth Century Fashion: 100 Years of Style by Decade and Designer*, Carlton, 1999

Wigley, M., White Walls, *Designer Dresses: the Fashioning of Modern Architecture*, MIT Press, 1995

Wilson, E. & Taylor, L., *Through the Looking Glass: a History of Dress from 1860 to the Present Day*, BBC Books, 1989

Wilson, E., *Adorned in Dreams: Fashion and Modernity*, Virago, 1987

Wollen, P., *Addressing the Century: 100 years of Art and Fashion*, Hayward Gallery Publishing, 1998

致谢

编辑这本手册是一次奇妙的学习经历，也是一次探索世界时尚史的迷人
。首先，我要感谢埃曼纽尔·德里克斯，感谢她的友善和富有感染力的热
感谢她精彩和巧妙的文字介绍。我也要感谢我的女儿克莱曼婷，她在图
源方面较有洞察力的帮助，以及盖伊·杰克逊在平面设计方面的出色工
尤其是为了追求图片的完美布局，他付出了不知疲倦的热情。也要感谢佐
福塞特，感谢她在图片标题制作过程中的出色帮助，感谢罗桑娜·涅格洛
辛勤编辑。最后，感谢伊莎贝尔·威尔金森对图片进行的法律审查。非常
大家！

我们感到遗憾的是，在某些情况下，无法追踪早期宣传照片或早期出版
原始版权持有人。然而，我们尽力做到尊重第三方的权利，如果在个别情
忽视了任何此类权利，我们将在可能的情况下对错误进行相应的修正。

本出版物中使用的所有图片均来自伦敦菲尔档案馆，除了：

Emmanuelle Dirix: Breakspread，12，406，407，472，473

TopFoto（TopFoto.co.uk）: 192-193

特·菲尔（Charlotte Fiell）

夏洛特·菲尔是设计史学、理论和批评方面的权威，在这个主题上写了
本书。她最初在佛罗伦萨的英国学院学习，然后在伦敦坎伯韦尔艺术学
AL）完成学业，在那里获得了绘画史和版画材料科学专业课程的（荣
士学位。后来，她在伦敦苏富比艺术学院接受培训。20世纪80年代末，
丈夫彼得在伦敦国王路开办了一家开创性的设计画廊，并由此获得了难
现代设计实践知识。1991年，菲尔夫妇出版了他们的第一本书《1945
来的现代家具经典》，受到广泛好评。从那时起，菲尔夫妇就开始专注
过写作、策展和教学更广泛地传播时尚设计。她最近的作品包括：*100
that Changed Design*，*Women in Design: From Aino Aalto to Eva Zeis-*
Ultimate Collector Cars。

纽尔·德里克斯（Emmanuelle Dirix）

曼纽尔·德里克斯是一位备受尊敬的时尚历史学家和策展人。她在温
艺术学院、中央圣马丁艺术学院、皇家艺术学院和安特卫普时装学院
尚的批判性和历史性研究。她定期为展览目录和学术书籍撰稿。项目
览和书籍：*Unravel: Knitwear in Fashion, 1920s Fashion:The Defini-*
urcebook 和 *1930s Fashion: The Definitive Sourcebook*。

图书在版编目（C I P）数据
1920年代时尚：权威资料手册/（英）夏洛特
尔（Charlotte Fiell），（英）埃曼纽尔·德里克斯
manuelle Dirix）编著；邸超，余渭深译. -- 重庆：
大学出版社，2023.4
（万花筒）
书名原文：1920s Fashion：The Definitive
cebook
ISBN 978-7-5689-3617-0
Ⅰ. ①1… Ⅱ. ①夏… ②埃…③邸… ④余… Ⅲ. ①
美学－美学史－世界－20世纪20年代 Ⅳ.
941.11-091
中国版本图书馆CIP数据核字(2022)第223372号

)年代时尚：权威资料手册
ANDAI SHISHANG：QUANWEI ZILIAO SHOUCE
洛特·菲尔（Charlotte Fiell）
曼纽尔·德里克斯（Emmanuelle Dirix） 编著
余渭深 译 刘芳 审校

辑：张 维 侯慧贤 书籍设计：M°°° Design
对：谢 芳 责任印制：张 策

学出版社出版发行
饶帮华
401331）重庆市沙坪坝区大学城西路21号
ttp://www.cqup.com.cn
津图文方嘉印刷有限公司

87mm × 1092mm 1/16 印张：32.25 字数：315千
4月第1版 2023年4月第1次印刷
78-7-5689-3617-0 定价：139.00元

Fashion Sourcebook 1920s
Published in 2021 by Welbeck
An imprint of Welbeck Non-Fiction Limited, part of Welbeck Publishing Group

版贸核渝字（2022）第223号